BCP・事業継続マネジメント・ISO 22301

イラストとワークブックで 事業継続計画の策定，運用， 復旧,改善の要点を理解

深田　博史
寺田　和正　共著

日本

JN093018

注記：本書の ISO 22301 の解説は，担当者向けに重要事項を抜粋した内容としています
（すべてを網羅しているわけではありません）．またこの規格への理解を促進する
ために，規格本文での表記を平易な言葉に一部置き換え，事例や著者独自の説明
を補足しています．

本書のご紹介

　本書は，BCP（事業継続計画，Business Continuity Plan），BCM（事業継続マネジメント，Business Continuity Management）に関する入門者向け書籍です．

　特に実務担当者に理解を深めていただきたい重要ポイントについて，国際規格 ISO 22301※のエッセンスを取り入れた要点解説と，見るみるモデル，イラスト，ミニワークブックを特徴としています．

　基本から少し発展した内容までを 4 つのステップに分けて解説していますので，読者の皆様の興味がある章を選択し，読み進めていただければ幸いです．

準　備	BCP・事業継続マネジメントの基本事項	第 1〜3 章
第 1 ステップ	BCP の策定，展開に向けて	第 4 章
第 2 ステップ	BCP の実装，点検，改善に向けて	第 5 章
第 3 ステップ	BCP の発動，復旧に向けて	第 6 章
第 4 ステップ	ISO 22301 を使って継続的改善	第 7 章
資　料	参考事例の確認	第 8 章

※　ISO 22301:2019（対応する日本産業規格は JIS Q 22301:2020）セキュリティ及びレジリエンス—事業継続マネジメントシステム—要求事項

☞　参考：p.12 第 1 章 2 ⑦⑧，p.62〜 第 7 章

目　　次

第5章　第2ステップ　BCPの実装，点検，改善

第6章　第3ステップ　BCPの発動，復旧

第7章　第4ステップ　マネジメントシステムの活用

第8章　資料編

事業継続マネジメント
とは

1 事業継続マネジメントとは

① BCP，事業継続マネジメントとは

★BCP（事業継続計画，Business Continuity Plan）は，大規模災害等が発生し，業務・活動の中断・阻害（そ　がい）が生じても，限られた経営資源を優先度の高い活動へ効果的に投入し，活動を定めたレベルまで回復し，事業を継続させるための"計画"を定めたものです．

★BCM（事業継続マネジメント，Business Continuity Management）は，組織への潜在的な脅威やその脅威が発生した際の事業活動への影響を特定し，BCP の策定，社内への展開，運用，チェック，継続的改善を戦略的に行うマネジメントのことです．

★東日本大震災（2011 年 3 月 11 日）の際には，準備していたBCP が，避難手順や従業員の安否確認でさえうまく機能しなかったケースや，サプライチェーン（調達先・協力会社）の状況調査が不十分で，顧客への供給体制の復旧が予定よりも大きく遅れたケースが多数ありました．

★BCP を"絵に描いた餅（もち）"にしないように，非常時に"自分は何をするべきか"，その実現に向けて"自分の仕事に関連するBCP はどのようになっているか"を組織の一人ひとりが把握し，備えを強化することが重要です．

② ミニアンケート（事業継続マネジメントの取組み状況は？）

★はじめに，次のミニアンケートで，BCM（事業継続マネジメント）に関する取組み状況の概要を確認しましょう．

★集計欄に S，A が多ければ，非常時に向けた備え（事業継続マネジメント）は進んでいると考えますが，いかがでしょうか．

★B，C の割合が多い場合は，BCM の強化をおすすめします．

■ ミニアンケート —事業継続マネジメントの取組み状況（概要）

> 現在の状況　S：しっかりできている　　A：できている
> 　　　　　　B：改善要　　C：未実施／できていない

（a）大規模災害の特定

自分が働く事業拠点において，発生しそうな大規模災害（※1）を具体的に調査し，特定していますか？ ※1　大地震，大津波，大型台風，豪雨，河川の氾濫，地滑り，パンデミックなど	S	A	B	C
1　過去発生分の具体的な調査，特定	☐	☐	☐	☐
2　将来発生予想分の具体的な調査，特定	☐	☐	☐	☐

（b）非常時の事業継続への備え

大規模災害が発生した"非常時"に，事業への影響を小さくするための準備事項を具体的に決めて，備えていますか？	S	A	B	C
人の面	被災により役員・従業員の約5割が勤務（在宅勤務を含む）できない場合への備えの具体的な実施	☐	☐	☐	☐
資源の面	事業拠点のインフラストラクチャー（※2）の多くが被災し，利用できない場合への備えの具体的な実施 ※2　建物，設備，輸送手段，交通インフラ，電力供給など	☐	☐	☐	☐
ICT面	業務で利用するICT（情報通信技術）（※3）の多くが被災して利用できない場合への備えの具体的な実施 ※3　サーバー，クラウドサービス，PC，スマホ，データ，通信，ネットワーク，情報システム，サービスなど	☐	☐	☐	☐
サプライチェーン面	サプライチェーン（※4）が被災し，平常時のように部材の仕入れ，外部委託，生産，物流，納品，サービス提供，情報交換等ができない場合への備えの具体的な実施 ※4　原材料・部材の調達 → 製造・外注・検査 → 在庫管理・出荷 → 物流・配送 → 納品・ユーザー利用 → アフターサービス，というような一連の流れのこと	☐	☐	☐	☐
パンデミック面	パンデミック（感染症の世界的な大流行）が発生し，平常時のように出社できない場合や，常にソーシャルディスタンスをとる必要がある場合への備えの具体的な実施	☐	☐	☐	☐
合計	数を記入してください．→				

2　事業継続マネジメントに関する主な用語

①　大規模災害の例

大地震・大津波による災害	揺れや大津波による建物の倒壊，浸水，火災，製品の損傷・劣化，電力等インフラの中長期的な停止
大規模な風水害	台風や線状降水帯による大量かつ長期間の風水害，河川の氾濫，地滑り，竜巻
大規模な火災	事業拠点の全焼
パンデミックの発生	世界的な感染症等による健康および経済の被害 例：2019 年後半から拡大した新型コロナウイルス感染症（COVID-19）

自社の事業に影響するかもしれない
大規模災害を特定します

② 状況（平常時，緊急時，非常時）

　★大規模災害発生時は，状況が時間とともに変化します．

平常時	通常の業務実施時．目立った事業継続の脅威は見当たらない状況
緊急時／ 緊急時の脅威	平常時並みの事業遂行を，一部できない状態． 緊急時がおさまると平常時に戻る．緊急時が長期化すると，非常時に移行する． 例：小規模な地震や火災（ぼや），被害の小さな風水害，情報システムの小規模な故障，通常のインフルエンザの流行
非常時／ 非常時の脅威	通常時並みの事業遂行を，大きな範囲で，かつ長期間できない状態 例：大地震，大津波，大型台風直撃による都市機能まひ，大規模火災，通常使用している施設や電力が長期間使用できなくなる状態，役員・従業員の多くが長期間出勤できない状態，パンデミックの発生

③ 事業の中断・阻害（disruption）

　★予見していた，または予見していなかった大規模災害等により会社の事業・活動が中断する，または大きく阻害されること

　★BCM（事業継続マネジメント）では，この事業の中断・阻害を許容範囲におさめるための活動を推進します．

④ 事業影響度分析（Business Impact Analysis，BIA）

　★非常時の事業への影響を分析します．例えばメーカーの場合，製品倉庫や物流網が被災し，製品出荷が停止した場合，"1日当たりの出荷額×出荷停止日数分"の被害額を算出します．

　★生産ラインやサプライチェーンが被災すると，事業への影響はさらに大きく長期化します．事前に事業への影響度を分析し，その備えを行う優先順位の検討に役立てます．

⑤　BCP（事業継続計画，Business Continuity Plan）

★非常時において，各部署（各自）は平常時よりも少ない経営資源
で，どのような優先順位で，何を行うかの"計画"を表したもの

★非常事態になった際は，まず BCP を被災状況に合わせて修正し，
関係者と迅速に共有することから始めます．

⑥　優先事業活動（prioritized activity）

★非常時に，事業に許容できない影響を回避するために優先して実
施する活動．BCP では，この優先事業活動を明確化します．

⑦　BCMS（事業継続に取り組むしくみ）

★非常時に，事業継続に向けた方針・目標を達成するためのしくみ

★Plan（非常時に備えて BCP を策定し，不足事項を準備）→ Do
（演習，いざというときに運用）→ Check（チェック）→ Act（次
への改善）の PDCA サイクルが軸となります．

★BCMS は，事業継続マネジメントシステム（Business Conti-
nuity　Management Systems）の略称です．

⑧　ISO 22301（国際規格，事業継続マネジメント推進のヒント）

★事業継続マネジメントへの取組みへのヒントは，大規模災害発生
の都度，マスコミで緊急事態対応の好事例が紹介されます．

★それらを収集し自社に実装することも大切ですが，事業継続マネ
ジメントを網羅的，体系的に整備するための道具（ツール）とし
て，世界各国の専門家が審議・開発した国際規格（ISO 22301）
は，しくみの構築・運用・改善に役立ちます．

3 リスクマネジメントについて

① リスク・機会とは

ISO 22301 では，リスクと機会の考え方が用いられています．

✴ リスク（risk）とは※

良くない結果につながる可能性．例えば，非常時に事業継続が BCP（事業継続計画）どおりに進まない可能性があること

✴ 機会（opportunity）とは

良い結果につながる可能性．例えば，BCP 達成に向けて効果と効率性を高める可能性があること

✴ 事業継続リスクとは

事業の中断・阻害を引き起こすリスク

※ リスクは"目的に対する不確かさの影響"と ISO 22301　3.30 では定義されており，好ましい面，好ましくない面の両方を含みますが，本書では一般的なリスクのイメージを考慮して，上記の①に示すリスクの考え方で用います．

② 事業継続リスク（起こり得る危険）の大きさ

事業継続リスクの大きさ（レベル）は，**"影響度（事業継続への影響の度合い）×発生可能性（起こりやすさ，頻度）"** で考えます．

レベル	影響度
特大	事業継続に致命的に影響するレベル（事業継続不可の可能性が十分あり得る）
大	事業継続に大きく影響するレベル（決算書に大きく影響，企業ブランド，利害関係者に大きく影響）
中	事業継続に小さく影響（決算書に小さく影響，企業ブランド，利害関係者に小さく影響）
小	事業継続への影響はとても小さい．

リスクの大きさ ＝ 影響度 × 発生可能性

リスクの大きさに応じた備えを！

※　発生可能性は，過去の発生確率に加えて，（まだ発生していなくても）将来発生する可能性も考えることがポイントです．

③　リスクマネジメントの考え方

リスクの特定		顕在・潜在するリスクを特定する．
リスクの分析		リスクの［重大性・影響度×発生可能性］の分析
リスクの評価		リスクを評価し，リスクの大きさを明確化
リスク対応	リスクの低減	リスクへの対策を推進し，リスクの影響度や発生可能性を低減 例：BCP を策定・展開・推進する．
	リスクの回避	リスク源（大本）を除去する． 例：拠点を海際から高台に移転する．
	リスクの共有	リスクを他者と共有する． 例：地震・津波・火災に備えて保険をかける．
	リスクの保有（受容）	（リスクが小さい場合）リスクへの対応を行わずに"しょうがない"と受け入れる（リスクを保有した状態）．

第2章

日常に潜む事業継続リスク

1 日常業務の優先度面
2 労働安全衛生面
3 情報・ICT（情報通信技術）面
4 環境影響面
5 SDGs（持続可能な開発目標）面

注記：本書でいう"日常業務に潜む事業継続リスク"
とは，1〜5に潜在する代表的な事業継続リス
クを意味しています．

日常業務において，事業継続リスクへの対応を実施していますか？

> 現在の状況　S：しっかりできている　　A：できている
> 　　　　　　B：改善要　　C：未実施／できていない

1　日常業務の優先度面 （関連：ISO 9001）

		現在の状況				
		S	A	B	C	該当せず
非常時の業務面	大規模災害発生などの非常時に，各組織で行うべき業務・活動の優先順位は明確ですか？	□	□	□	□	□
	その業務・活動の優先順位や実施に必要な計画を，組織の各要員は把握していますか？	□	□	□	□	□
非常時への備えの面	非常時に優先順位の高い業務について，質問します．					
	特定の人（1名）しかできない業務はありますか？	□	□	□	□	□
	業務の主担当者が不在の場合，同僚がその業務を代わりに行うためのサポート体制は整っていますか？	□	□	□	□	□
	組織の業務に必要な情報は，サーバーや情報システムで共有化が進んでいますか？	□	□	□	□	□

2　労働安全衛生面 （関連：ISO 45001）

		現在の状況				
		S	A	B	C	該当せず
安全面	労働安全衛生のパトロール等の現場確認時には，非常時の備え（※1）をチェックし，改善していますか？ ※1　大地震発生に備えた，設備や棚の倒壊防止策，製品・部材の高所からの落下防止策，職場から安全に逃げることができるルートの確保と整理整頓（転倒防止策）など	□	□	□	□	□
衛生面	感染症対策（※2）は，日頃から定着していますか？ ※2　手洗い場所への石けんやペーパータオルの設置，効果的な場所に有効な濃度・鮮度の消毒薬（アルコール等）の設置，感染症の予防接種など	□	□	□	□	□

2 労働安全衛生面（つづき）

		現在の状況				
		S	A	B	C	該当せず
心の健康	在宅勤務が常態化している場合，従業者の不安感（※3）への早期の気づきや対応に向けた取組みを実施していますか？ ［在宅勤務（テレワーク）は，非常時の備えとしてとても有効な勤務形態です.］ ※3 孤独感，焦燥（しょうそう）感（あせり，不安，イライラ）など	☐	☐	☐	☐	☐

3 情報・ICT（情報通信技術）面（関連：ISO/IEC 27001）

		現在の状況				
		S	A	B	C	該当せず
バックアップ	サーバーに保存された重要なデータやシステムについて，遠隔地バックアップを実施していますか？	☐	☐	☐	☐	☐
	バックアップしたシステムやデータのリストアを行うための準備はできていますか？	☐	☐	☐	☐	☐
在宅勤務	在宅勤務（テレワーク）での情報セキュリティリスクを特定し，対策を講じていますか？	☐	☐	☐	☐	☐
	在宅勤務（テレワーク）での業務効率を向上するための改善活動は活発ですか？	☐	☐	☐	☐	☐

4 環境影響面（関連：ISO 14001）

		現在の状況				
		S	A	B	C	該当せず
環境影響評価	環境影響評価の実施時は，起こりうる大規模災害を幅広く特定して，非常時の環境側面・環境影響評価を実施していますか？	☐	☐	☐	☐	☐
緊急事態への対応	非常時の環境側面について，緊急事態への準備を行う際は，大規模災害の種類や大きさを具体的に想定して対応していますか？	☐	☐	☐	☐	☐

5　SDGs（持続可能な開発目標）面

　SDGs（持続可能な開発目標）に取り組んでいる場合は，以下の項目もチェックしてみましょう．

		現在の状況				
		S	A	B	C	該当せず
目標11	大規模災害発生など非常時の取組みを考慮し，目標設定や対応を進めていますか？ 関連：SDGs の目標11 "包摂的で安全かつ強靱（レジリエント）で持続可能な都市及び人間居住を実現する."	☐	☐	☐	☐	☐
目標12	大規模災害発生等の非常時の取組み（例：サプライチェーンの被災に向けた予防）を考慮し，目標設定や対応を進めていますか？ 関連：SDGs の目標12 "持続可能な生産消費形態を確保する."	☐	☐	☐	☐	☐
目標13	大規模災害発生等の非常時の取組み（例：増加する風水害対応）についても目標設定し，対応を進めていますか？ 関連：SDGs の目標13 "気候変動及びその影響を軽減するための緊急対策を講じる."	☐	☐	☐	☐	☐

　最後に，チェックリスト1〜5の合計を出しましょう．

		現在の状況				
		S	A	B	C	該当せず
合計	数を記入してください．→					

■ まとめ ―日常に潜む事業継続リスク

　事業継続マネジメント活動は，BCP（事業継続計画）を策定し，運用することに注目しがちですが，日常業務の中に非常時への備えを織り込んでいくことも重要な取組みです．非常時への備えが日常業務に定着すると，"いざっ！" というときに役立ちます．

第3章

見るみる BCM
（事業継続マネジメント）
モデル

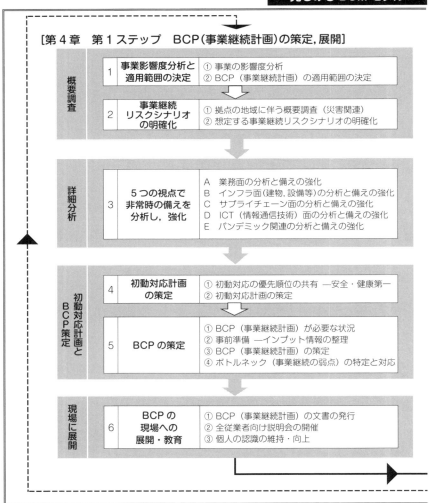

見るみる BCM モデル

[第4章　第1ステップ　BCP（事業継続計画）の策定, 展開]

概要調査

| 1 | 事業影響度分析と適用範囲の決定 | ① 事業の影響度分析
② BCP（事業継続計画）の適用範囲の決定 |
| 2 | 事業継続リスクシナリオの明確化 | ① 拠点の地域に伴う概要調査（災害関連）
② 想定する事業継続リスクシナリオの明確化 |

詳細分析

| 3 | 5つの視点で非常時の備えを分析し，強化 | A　業務面の分析と備えの強化
B　インフラ面（建物, 設備等）の分析と備えの強化
C　サプライチェーン面の分析と備えの強化
D　ICT（情報通信技術）面の分析と備えの強化
E　パンデミック関連の分析と備えの強化 |

初動対応計画とBCP策定

| 4 | 初動対応計画の策定 | ① 初動対応の優先順位の共有 ―安全・健康第一
② 初動対応計画の策定 |
| 5 | BCP の策定 | ① BCP（事業継続計画）が必要な状況
② 事前準備 ―インプット情報の整理
③ BCP（事業継続計画）の策定
④ ボトルネック（事業継続の弱点）の特定と対応 |

現場に展開

| 6 | BCP の現場への展開・教育 | ① BCP（事業継続計画）の文書の発行
② 全従業者向け説明会の開催
③ 個人の認識の維持・向上 |

[第7章　第4ステップ　マネジメントシステムの活用]

ISO 22301 に基づく BCMS（事業継続

ねらい：事業継続リスク（事業の中断・

事業継続マネジメントモデル

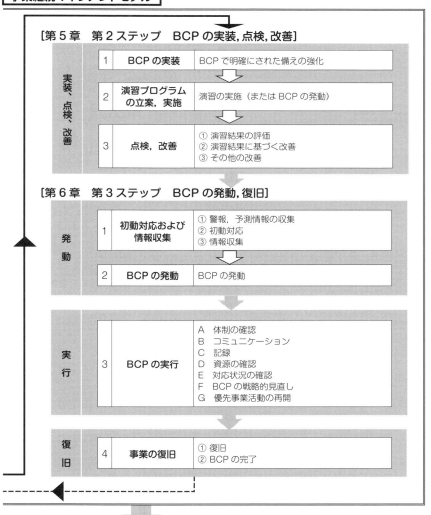

[第5章　第2ステップ　BCPの実装, 点検, 改善]

実装、点検、改善

1	BCPの実装	BCPで明確にされた備えの強化
2	演習プログラムの立案，実施	演習の実施（またはBCPの発動）
3	点検，改善	① 演習結果の評価 ② 演習結果に基づく改善 ③ その他の改善

[第6章　第3ステップ　BCPの発動, 復旧]

発動

| 1 | 初動対応および情報収集 | ① 警報，予測情報の収集
② 初動対応
③ 情報収集 |
| 2 | BCPの発動 | BCPの発動 |

実行

| 3 | BCPの実行 | A　体制の確認
B　コミュニケーション
C　記録
D　資源の確認
E　対応状況の確認
F　BCPの戦略的見直し
G　優先事業活動の再開 |

復旧

| 4 | 事業の復旧 | ① 復旧
② BCPの完了 |

マネジメントシステム）の構築・維持・改善

阻害を引き起こすリスク）を小さくする！

■コラム

自社の BCP は "絵に描いた餅" ？

* 大規模災害が発生した "非常時" に，被害をどれだけおさえることができるかは企業・組織の "準備の品質" が大きく影響します．"準備の品質" が低いと，事業継続へのマイナスの影響は大きくなってしまいます．

* 経営者や管理職がそのことを十分にわかっていても，お金や作業工数がかかることから準備の実務を先送りすれば，実際に非常時となった際には大きな損害をこうむる確率が高まります．

* "非常時" は，活用できる経営資源（人，モノ，情報，ノウハウ，コミュニケーション，お金など）が平常時よりも少なく，そのため意思決定やその実行に時間がかかります．経営者や管理職が被災して勤務できない場合もあり，その状態を織り込んだ BCP が必要です．

* 頭ではリスクがわかっていても，願望としては "まぁ起きない，大丈夫" と対応を先送りしてしまいたい気持ちになりがちですが，非常時の事業継続への被害を小さくするための準備（備え）を強化する活動を，毎年，計画的に実施し，チェックし，現場への浸透を図り，改善し続けることが BCM（事業継続マネジメント）の必須事項です．

* このチェック，浸透，改善活動が弱いことで，作成した BCP が "絵に描いた餅" となり，いざというときに使わない・使えないケースが実際には多くあります．うまく描いた BCP より，泥くさく鍛え続けた BCP の方が，"いざっ！" というときに役立ちます．

第4章

第1ステップ
BCP（事業継続計画）
の策定，展開

［第1ステップ　BCP（事業継続計画）の策定，展開］

概要調査	1	事業影響度分析と適用範囲の決定	① 事業の影響度分析 ② BCP（事業継続計画）の適用範囲の決定
	2	事業継続リスクシナリオの明確化	① 拠点の地域に伴う概要調査（災害関連） ② 想定する事業継続リスクシナリオの明確化
詳細分析	3	5つの視点で非常時の備えを分析し，強化	A　業務面の分析と備えの強化 B　インフラ面（建物，設備等）の分析と備えの強化 C　サプライチェーン面の分析と備えの強化 D　ICT（情報通信技術）面の分析と備えの強化 E　パンデミック関連の分析と備えの強化
初動対応計画とBCP策定	4	初動対応計画の策定	① 初動対応の優先順位の共有　—安全・健康第一 ② 初動対応計画の策定
	5	BCPの策定	① BCP（事業継続計画）が必要な状況 ② 事前準備 —インプット情報の整理 ③ BCP（事業継続計画）の策定 ④ ボトルネック（事業継続の弱点）の特定と対応
現場に展開	6	BCPの現場への展開・教育	① BCP（事業継続計画）の文書の発行 ② 全従業者向け説明会の開催 ③ 個人の認識の維持・向上

1 事業の影響度分析と BCP（事業継続計画）適用範囲の決定

① 事業の影響度分析

★ BCP の適用範囲（事業，組織，拠点等）を決めるには，まず自社の事業を分析します．

★ 例えば，全社の売上額，利益額に占める各種事業の割合や，ブランド力への影響度等を分析します．その際，単年度のデータよりも，例えば過去 3 年間の推移データを分析する方が，今後の方向性を想像しやすくなります．

📖 事例：p.94～95 第 8 章　資料 A

② BCP（事業継続計画）の適用範囲の決定

★ 上記①により，会社全体の事業に対する各種事業や顧客，製品・サービス，各拠点の影響度を把握した上で，BCP の適用範囲（組織，拠点，事業，製品・サービス等）を決めます．

★ 最初から全社・全拠点・全事業を BCP 策定の対象とするよりも，範囲を絞り込み，策定することをおすすめします．

★ "Small Start, Quick Win"，小さな範囲で始めて早めに成果を得，モデルを検証・修正した後に拡大していく考え方で．

■ BCP（事業継続計画）の適用範囲の例

組織名	○○事業所
拠点名，場所	○○市○○区
優先すべき事業名，製品・サービス分野名	自動車業界向け ICT ハード・ソフトの企画，開発，製造，サービス
選定理由	全社の売上，利益の 3 分の 1 を占める．海際に立地し津波のリスクが高い．

2　事業継続リスクシナリオの明確化

①　拠点の地域に伴う概要調査（災害関連）

拠点の "地域に伴うリスク" との関連性の概要を調査します.

> 関連性　小：ほぼ関連しない　　中：少し関連する
> 　　　　　大：大きく関連する

		関連性		
(a) 地震のリスク		小	中	大
過去	歴史を振り返ると，震度5強以上の地震が発生したことがある.	☐	☐	☐
将来	行政から，大地震が発生する可能性の情報が出ている（例：首都圏直下型地震，南海トラフ巨大地震等）.	☐	☐	☐
(b) 津波のリスク				
過去	歴史を振り返ると，津波が迫ったことがある.	☐	☐	☐
将来	海に近く，海抜が低く，被害の可能性が高い. 海に直結した河川に近く，津波が迫る可能性が高い.	☐	☐	☐
(c) 崩落・地滑りのリスク				
過去	崩落や地滑りが発生したことがある.	☐	☐	☐
将来	山，湖沼，海を造成した土地の付近であり，崩落や地滑りの可能性が高い.	☐	☐	☐
(d) 台風・線状降水帯・河川の氾濫				
過去	風水害の大きな被害が発生したことがある.	☐	☐	☐
将来	河川に近い. 堤防が決壊すると浸水する. 都市型水害の可能性が高い.	☐	☐	☐
(e) 火災のリスク				
過去	自社や近隣で大規模火災が発生したことがある.	☐	☐	☐
将来	自社や近隣で火災・爆発につながる危険物を大量に保有している.	☐	☐	☐
(f) 落雷のリスク				
過去	自社や近隣で落雷被害が発生したことがある.	☐	☐	☐
将来	落雷発生時は，対策が十分でないため過電圧，過電流の被害の可能性が高い.	☐	☐	☐

(g) パンデミックのリスク

過去	パンデミックが長期化した際に，役員・従業員の勤務を阻害した（在宅勤務・テレワークが効果的に機能しなかった）ことがある．	☐	☐	☐
将来	パンデミック時に，役員・従業員の勤務を阻害する（在宅勤務・テレワークが効果的に機能しない）可能性が高い．	☐	☐	☐

② 事業継続リスクシナリオ

リスクシナリオは，"想定する状況"で，BCP を策定する前に①の概要調査の結果や，近隣行政や信頼できる公的機関や研究機関の情報をもとに，拠点に関連性が高いリスクシナリオを決定します。

📖 事例：p.96〜99 第8章　資料B

3　5つの視点で非常時の備えを分析し，強化

★前章で，BCP（事業継続計画）を策定する適用範囲を決定し，その該当拠点の"事業継続リスクシナリオ"を明確化しました。

★次に，その事業継続リスクシナリオが実際に発生した非常時の備えの状況を5つの視点で分析し，強化します。

5つの視点で非常時の備えを分析し，強化

A　業務面の分析と備えの強化

B　インフラ面（建物，設備等）の分析と備えの強化

C　サプライチェーン面の分析と備えの強化

D　ICT（情報通信技術）面の分析と備えの強化

E　パンデミック関連の分析と備えの強化

※　Eは視点が少し異なりますが，本書では非常時への備えの分析・強化を行う際に対自然災害だけでなく対パンデミックの視点も重要と考え，項目に加えています。

A　業務面の分析と備えの強化

＊ 業務のリストアップを行い, 平常時, 非常時の"業務の優先順位付け"を行います.

＊ 非常時には, 勤務できる人が平常時に比べて大幅に少ないことを想定し, 備えの不足を明確化し, 備えを強化します.

　📖 事例：p.100〜103 第8章　資料C

B　インフラ面（建物, 設備等）の分析と備えの強化

＊ 施設, 設備, 公共インフラ等をリストアップし, 想定する事業継続リスクシナリオが現実になった場合の被害を分析します.

＊ 非常時の備えの不足を明確化し, 備えを強化します.

　📖 事例：p.104〜105 第8章　資料D

建物・設備
- 建物（竣工時期,耐震性,海抜）
- 設備・治具（損壊,倒壊）
- 計測器（損壊,倒壊）
- 設備等用ソフトウェア
- 棚（倒壊,荷物の落下）
- 机,椅子
- 照明,空調
- トイレ,紙
- 消毒液,せっけん,マスク
- 食堂,手洗い場
- 排水処理設備,貯水槽
- 廃棄物置き場

ユーティリティ
- 電力
　○○電力,自家発電装置,燃料
- 水（上水道,下水道）
- ガス
- 通信・ネットワーク
　固定通信（インターネット,電話）
　無線通信（携帯電話,Wi-Fi）
　社内ネットワーク
- 警備システム

物流・移動
- 倉庫（社内,社外,自動倉庫）
- 搬送用設備
　（エレベーター,フォークリフト）
- 車両（トラック,乗用車,自転車）
- 通勤経路
　（電車,バス,自家用車,徒歩）

非常用設備等
- 防火装置（スプリンクラー等）
- 警報器
　（火災,ガス等）
- AED（自動体外式除細動器）,
　三角巾
- 救急用医薬品・資材・食料
- 手書き掲示板,マーカー,付せん紙
- 防災グッズ

①そのインフラ, 非常時でも使えますか？

②分析し, 備えを強化！

C　サプライチェーン面の分析と備えの強化

★自社の事業継続に直接影響する，サプライチェーン（例：調達先，外部委託，物流，サービス等の外部組織）の被災のリスクや備えの情報を事前に収集・調査し，分析しておきます．

★非常時に事業継続リスクが大きい外部組織と備えの不足に関して"事前に"打合せを行い，備えの強化を話し合います．

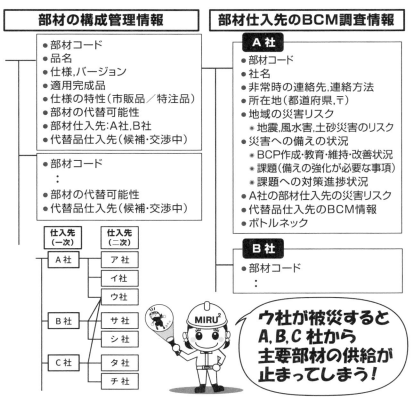

サプライチェーンの BCM 調査により，ボトルネックを特定し，事前に備えを強化します

D　ICT（情報通信技術）面の分析と備えの強化

✭ICT（情報通信技術※）のリストアップを行い，想定するリスク
　シナリオが現実になった場合の被害を分析します．

✭非常時の備えの不足を明確化し，備えを強化します．

　※ サーバー，クラウドサービス，PC，スマホ，データ，通信，
　　ネットワーク，情報システム，サービスなど

　📖 事例：p.104〜105 第8章　資料 D

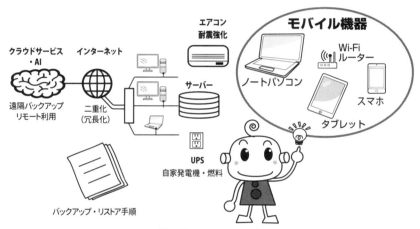

その ICT，非常時でも使えますか？
分析し，備えを強化！

E　パンデミック関連の分析と備えの強化

✭健康を損なうパンデミック（感染症の世界的な大流行，例えば
　COVID-19 の感染拡大）について想定するリスクシナリオが現
　実になった場合の被害を分析します．

✭非常時の備えの不足を明確化し，備えを強化します．

　📖 事例：p.98〜99 第8章　資料 B B-2

4 初動対応計画の策定

① 緊急時対応と非常時対応

第1章2②（P.11）では平常時，緊急時，非常時の用語説明を行いましたが，ここからは緊急時対応，非常時対応について記します．

緊急時対応 [本節（第4章4）で扱う内容]	初動対応計画の策定： 大規模災害発生前後に行う初動対応（避難，救急対応など）
非常時対応 [次節（第4章5）で扱う内容)]	BCP（事業継続計画）の策定： 災害の被害が長期化する際に事業を継続させるための計画

② 初動対応の優先順位の共有 —安全・健康第一

★大規模災害発生時対応の優先順位を明確にし，全員で共有します．

★やはり，"安全・健康第一"．自分，家族，同僚，近隣住民の安全・健康を第一に考えて，行動します．仕事はその後です．

★例えば，大地震，大津波，大火災発生時は，まず"逃げる"こと，"身を守る"ことを第一優先で考えます．

③ 初動対応計画の策定

★大規模災害発生時に"安全・健康第一"であるための"初動対応計画"を策定します．

★前出の，事業継続リスクシナリオが発生した非常時の備えを5つの視点で分析した結果をもとに初動対応計画を策定します．また，事業継続リスクシナリオは，避難方法の検討や出社・帰宅判断基準の検討を行う際のインプット情報になります．

■ 初動対応計画の記載項目（例）

目　的	記載項目（例）
身を守る	現実的・効果的な身の守り方，救護方法
逃げる	緊急時避難方法（避難場所，避難ルート，目標避難時間，保護具の着用等）
自宅待機，帰宅	●出社・帰宅の判断基準（大型台風などの予測できる災害は，事前に基準に基づき自宅待機，早めの帰宅の指示を伝達） ●大型地震・津波発生時は，その後の余震（本震），第2波などの発生可能性，および通勤ルートの被災状況を確認し判断
簡易安否確認	簡易安否確認（自動が望ましい），確認結果の集計・報告
情報共有	連絡体制，外部の情報収集方法（マスコミ，インターネットを含む），社内の情報共有方法，被害状況の共有

全力で，逃げて，逃げて，逃げ続けるのだ！

5　BCP（事業継続計画）の策定

①　BCP（事業継続計画）が必要な状況

　★大規模災害が発生した緊急時が1週間ほどでおさまり，初動対応も有効で，平常時に戻ることができる場合はよいのですが，初動対応が一段落した後，非常時が長期化（例：2週間以上）する場合に備えて，BCPを策定します．

　★第4章3で，事業継続リスクシナリオが発生した非常時の備えを5つの視点で分析し，強化する取組みを明確化しましたが，その情報はBCP策定へのインプット情報になります．

②　事前準備 —インプット情報の整理

　★BCP策定に備えて，次の事項を整理します．

（a）"想定する事業継続リスクシナリオ"の確認

　第4章2の結果を確認します．

（b）"5つの視点で非常時の備えを分析し，強化"の情報の確認

　第4章3の結果を確認します（項目は次のとおり）．

　　A　業務面の分析と備えの強化
　　B　インフラ面（建物，設備等）の分析と備えの強化
　　C　サプライチェーン面の分析と備えの強化
　　D　ICT（情報通信技術）面の分析と備えの強化
　　E　パンデミック関連の分析と備えの強化

（c）BCM（事業継続マネジメント）推進体制

　BCMを推進する体制を決定します．

　☞ 参考：p.51 第6章3A（体制の確認）

（d）非常時の情報共有方法の検討

非常時には，通信インフラの異常が発生する可能性があり，緊急用に複数の通信手段による連絡経路を準備しておきます．

例えば，停電時の連絡方法，携帯電話が使えない場合の連絡方法も事前に決めて，利用する優先順位を明確化するなど，被災状況により緊急連絡ができない場合を想定した情報共有方法を検討します．

- オンライン（インターネット，携帯電話回線など）が使える場合の情報共有方法と優先順位を "複数経路" 決めておきます．
- オンラインは不通のため，オフライン時の情報共有方法を決めておきます（例：手書きの掲示板の共有など）．

③　BCP（事業継続計画）の策定

★ 整理したインプット情報をもとに，BCPを策定します．

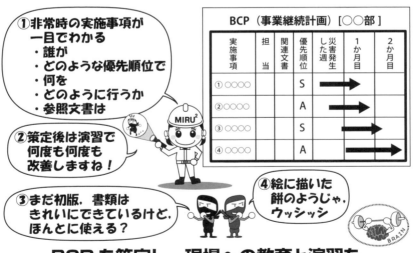

BCPを策定し，現場への教育と演習を
行えば行うほど "いざっ！" というとき強い味方に

■ BCP（事業継続計画）に盛り込む事項（例）

📖 事例：p.106〜109 第8章　資料E

項目	BCPに盛り込む事項（例）
どのような状況で	● 想定した事業継続リスクシナリオの要約 ● 公共インフラ復旧スケジュール（電気，通信等） ※1　非常時には，想定した事業継続リスクシナリオを実際の被災状況に合わせて修正することから始める．
どこで	● 事業拠点の組織名，場所
いつ	● 日程（災害前，災害発生時，災害発生後）
誰が	● どの組織が，誰が（経営層，責任者，担当者） ※2　被災して勤務できない人の割合を想定する．
何を	● 非常時の実施事項 ※3　平常時とは異なる非常時の実施事項の中で，優先順位が高い事項を明確化する． ※4　災害発生時は，時間の経過や被災状況をもとに，実施事項の優先順位，内容を見直す．
どのように	● 参照文書名 ※5　"非常時の実施事項"を行うための参照文書名を記載する． ※6　参照文書への記載事項（例） ・人：業務遂行に必要な力量 ・モノ：ハード・ソフト等の道具類，サービス ・ICT（情報通信技術）：情報システム，アプリ，データ ・手順等（プロセス）：業務基準や手順，仕様 ※7　優先順位の非常に高い業務については，平常時の担当者が被災により勤務できない場合に同僚・他組織からの応援者が代理で業務を担当するための必要情報が文書化されていることが望ましい．

④　ボトルネック（事業継続の弱点）の特定と対応

★ボトルネックのイメージは飲料水のビンの首の部分ですが，BCP
　では**目標復旧時間を達成する際の弱点**（困難な要因）のことをい
　います．

★この弱点が解消されないと，BCP 全体が計画どおり進まないの
　で，あらかじめ弱点を明確にして，備えを強化しておきます．

★具体的には，第4章の3 "5つの視点で非常時の備えを分析し，
　強化" で明確化した非常時の備えが，BCP 策定後に予定してい
　る目標復旧時間の達成にとって現実的かどうかを見直します．

　　📖 事例：p.110〜111 第8章　資料 F

6 BCP（事業継続計画）の現場への展開・教育

① BCP（事業継続計画）の文書の発行

  ✶ 調査結果に基づき策定した BCP や各種調査資料について社内で発行します．ただし，発行の際は "非常時には，災害の状況，被災状況に応じて見直してから活用する" ことを伝達します．

  ✶ 様々な文書の電子共有が進んでいる会社においては，基本はもちろん電子共有ですが，非常時には停電や通信障害でサーバー，システム，クラウドサービスにアクセスできないことを想定して，重要文書は紙に印刷し，すぐ使える場所に保管しておく方がよりよいでしょう．

② 全従業者向け説明会の開催と個人の認識向上

  ✶ BCP の発行後，全従業者（役員・従業員）向けの説明会を開催します．

  ✶ BCP をサーバーや情報システムに保存し，従業者に保存先を連絡するだけでは誰も読まないと考え，きちんと自覚をもってもらえるよう説明会を行い，理解度についてテストやアンケートを行うことをおすすめします．

  ✶ 非常時対応では，最初のうちは停電，通信障害が発生しており，PC やスマホを使えない状態を想定します．その際は，**人の記憶と紙媒体での資料で活動すること**になるので，現場の担当者に "優先度の高い自分の活動" を記憶してもらうことは，BCP のリアルな運営上重要です．

  ✶ 習熟度テストについては，"非常時，自分は何をすべきか，その際どのような情報源を用いるか" などの理解度を確認し，テストを通じて "認識" してもらうことが大切です．

③　個人の認識を維持・向上するために

★ BCP の全従業者向け説明会を毎年１回実施しても，年度中に個人が忘れてしまえば意味がありません．同じ説明内容の繰返しを毎年行うようでは，出席者への刺激が弱く，記憶から BCP が抜け落ちることが十分考えられます．

★ 個人の認識を維持・向上するために，新鮮な内容を盛り込んだ説明会や教育の継続的な実施はとても重要です．大規模災害についての最新情報や，それに伴う BCP の変更事項の理解を促進し，自らの BCP を最新情報の視点で見直し，修正し，**再認識する**ための"刺激"を提供し続けないと"いざっ！"というときに BCP を使わず自己流に対応し，現場が混乱に陥ってしまいます．

　事例：p.112～113　第８章　資料 G

一人ひとりの認識を高めると，
パフォーマンス（実績）向上につながります！

第5章

第2ステップ
BCPの実装，点検，
改善

1 BCP（事業継続計画）の実装
2 演習プログラムの立案，実施
3 点検，改善

［第 2 ステップ　BCP の実装，点検，改善］

実装、点検、改善	1	BCP の実装	BCP で明確にされた備えの強化
	2	演習プログラムの立案，実施	演習の実施（または BCP の発動）
	3	点検，改善	① 演習結果の評価 ② 演習結果に基づく改善 ③ その他の改善

1　BCP（事業継続計画）の実装

★ BCP で計画された実施策の中には，手順や担当を明確に決めれば有効に機能するものもあれば，実施のために調査や費用投資が必要なものもあります．

★ BCP に規定された実施策の実装（自社への適用により必要なときに使える状態にすること）は，以下の 2 つに大別されます．

　● 役員・従業員への周知など，認識向上や行動原則の浸透により実装する．

　　→ 主に，初動対応の計画など，安全の確保，避難，日常の業務における危険源の排除（例：装置の転倒防止措置）に関して有効です．

　● 新規に設備やサービスを調達することにより実装する．

　　→ 主に，事業継続に必要とされる資源の不足や強化に対して実施されます．

★ 一般に，事業継続に必要な資源の実装にはコストがかかります．また，その多くは，インシデント（事業の中断・阻害を引き起こす可能性のある災害やパンデミックなど）の発生まで，時として長期間にわたり維持する必要があります．非常時のためだけを考えて資源を追加するよりは，普段の業務においてもコストダウンや効率化につながり，かつ災害などの非常時にも利用できる具体策を検討しましょう．

★ 例えば，ICT（情報通信技術）に関連して，クラウドサービスの採用は，自社の情報システムの維持コスト（ハードウェアの購入費用や維持にかかる人件費）を削減できるかもしれません．太陽光発電やコジェネレーションシステム※（燃料を燃やして温水と電気を供給するしくみ）の採用は，CO_2 排出量の削減などにより，自社の温暖化対策などの取組みに貢献するかもしれません．

■ BCP に基づき実装される具体策の例

関連する資源	BCP 戦略 （BCP の枠組み／ 対応の基本的な方向性）	実装する具体策
人的資源	優先事業に関連する業務について要員の多能工化（複数の業務をこなせるようにする）を図る.	従業員の多能工化のためのローテーションを組み，複数の業務を習得させる.
建物・職場	代替拠点を準備する.	X 支店を代替拠点として利用できるようにする.
設備	代替拠点での生産を可能にする.	生産設備の分散化・生産設備の移設
公共インフラ	非常時の電力供給体制を整える.	太陽光発電設備の導入，コジェネレーションシステム（41 ページ※を参照）の導入
商品・原材料	在庫の管理は外部倉庫に委託する.	外部倉庫の調達
情報・データ	重要情報については複数の参照手段を準備する.	重要情報の電子化，または紙面での保管
ICT システム	自社運用からクラウドサービスへ移行する. 非常時には在宅勤務が可能な環境を整える.	クラウドサービスの選定 デスクトップ PC からノート PC への切替え
輸送・物流	自社便で最低限の輸送がまかなえるようにする.	自社便の運用（トラック，ドライバーの調達）
協力会社・サプライチェーン	1 社に限定されることのない複数社購買を原則とする.	購買先の立地調査，複数購買先の選定

2　演習プログラムの立案，実施

＊BCP（事業継続計画）や事業継続のための手順は，実際に実行され，会社の現状をよく反映したものであることが検証されなければ，"信頼できるもの"にはなりません．BCPや手順を有効なものとするためには，十分に練られたシナリオに沿った演習の繰返しが必要です．

＊BCPは，通常複数の計画・手順の組合せで成り立ち，多くの場合，複数の拠点が関連してきます．BCPの成熟度，社内への浸透度に応じて適切な演習方式を採用します．

＊事業継続に関する演習は一度で完了するものではありません．BCPの全体およびすべての拠点を網羅し，想定される様々なシナリオに対応できるよう，長期的な観点から演習プログラム（演習の繰返しによって，最終的な演習の目的を達成するための一連の演習計画）を策定し，取り組みます．

■ BCP に関する演習の種類

	概要	演習の詳細
簡単	計画のレビュー	策定した計画のレビューを行う．
	オフサイトでの想定テスト	簡単なシナリオに基づいてオフサイト（現地ではなく書面上または別の拠点）で計画の検証を行う．
	現場での想定テスト	簡単なシナリオに基づいて現地で計画の検証を行う．
	実践演習	適度に複雑なシナリオを利用して1つまたは複数の計画の検証を行う．演習の参加者は本番に近い緊張感をもって参加する．
	実践演習（複数拠点）	緊急時の代替サイトなども含め，複数の拠点を含めた演習を実施する．
複雑	組織全体での実践演習	綿密なシナリオに基づき，本番さながらに演習を行う．

3 点検，改善

① 演習結果の評価

＊演習の結果は，正式に記録し，結果を評価し，関連する BCP（事業継続計画）の改善につなげます．

実際に行った演習について評価してみましょう．

		確認項目	結果
1	初動対応	すべての人が計画された手順どおりに，迷うことなく行動できましたか？	☐
2		BCP 対応のためのチーム編成，役割に不足はありませんでしたか？	☐
3		予定されていた資源（救急キット，代替施設・拠点やバックアップ機器など）は，計画どおり備えられ，有効に機能しましたか？	☐
4		通信機器，コミュニケーションツールは，有効に機能しましたか？	☐
5	非常時対応	代替施設（拠点や生産設備）がある場合，十分な容量・能力（収容人数や処理能力）が確保されていましたか？	☐
6		計画した時間内に活動を実施できましたか？（避難など初動対応に要した時間，優先事業活動の再開までに要した時間）	☐
7		計画されたコミュニケーション（報告・連絡）が実施されましたか？	☐
8		参加者は十分な認識をもって行動していましたか？	☐

＊演習の結果は，演習で採用されたシナリオ，方法などとともに正式な報告書に取りまとめ，演習に参加した人たち，利害関係者および BCP に責任をもつ経営陣に報告します．

＊演習は繰り返し行います．BCP の習熟度を測る指標をいくつか設定し，追跡することをおすすめします．

　　指標の例：演習中に生じた混乱の件数，初動対応・優先事業活動の
　　　　　　　再開までに要した時間

② **演習結果に基づく改善**

★演習結果から得られた課題，改善点をBCP（事業継続計画）に
反映します．BCPの改善は，定められた手順の見直しにとどま
ることなく新たな資源（設備・機器，拠点など）の必要性に及ぶ
可能性があることに注意が必要です．

★BCPは，会社の事業に関する計画の中でも最も困難な状況にお
いて運用される計画であることを忘れないでください．BCPに
かかわる人たちは，時として，強度のストレスの中で，限られた
情報で重要な判断を下さなければなりません．BCPにおいて重
要な役割をもつ人たちの認識を高め，能力の向上につながる演習
プログラムとする必要があります．

③ **その他の改善**

★策定されたBCP（事業継続計画）の精度を高め，改善を行う活
動は，BCPを利用した演習の繰返しによって実現することがで
きますが，実際には，BCP策定の前提条件となっている次のよ
うな項目についても見直しを行い，必要に応じた改善が必要とな
ります．

　●適用範囲による制約（除外された業務や拠点など）
　●事業影響度分析の妥当性や特定された優先事業活動の妥当性
　●リスクアセスメントの妥当性や見落とされていたリスク

★上記に関する改善点は，演習から得られた情報だけでは特定が難
しく，これらを含めた改善を促進するためには，会社の業務活動
に組み込まれたしくみの中で取り組むことが必要になります．

■ コラム

BCP の検証と改善

★ BCP を "絵に描いた餅" に終わらせないためには，体系的に計画された演習の繰返しによって，事業継続マネジメントの考え方を，組織の中に浸透させていくことが重要です．

★ また，事業継続のための備えは，時として，ムダなコストに見えてしまうことがあります．演習，検証，改善の作業を繰り返す中で，より効率的な対応手段を見つけ出し，改善していくことも重要です．特に ICT 分野の技術の進歩は目覚ましく，計画立案時には，コストの面から断念した施策が数年後には，十分にコストに見合う対策となるケースも多くあります．

★ 事業継続を見越したサプライチェーンの冗長化，従業員の多能工化，クラウドサービスの採用なども，拙速な運用の変更は新たなリスクを生む可能性がありますが，他の事業の側面と統合して中長期的に取り組むことにより，コストも改善しながら柔軟性があり，危機に強い（レジリエントな）経営体質を実現することができます．

第**6**章

第3ステップ
BCPの発動，復旧

［第3ステップ　BCP の発動，復旧］

発動	1	初動対応および 情報収集	① 警報，予測情報の収集 ② 初動対応 ③ 情報収集
	2	BCP の発動	BCP の発動

実行	3	BCP の実行	A　体制の確認 B　コミュニケーション C　記録 D　資源の確認 E　対応状況の確認 F　BCP の戦略的見直し G　優先事業活動の再開

復旧	4	事業の復旧	① 復旧 ② BCP の完了

リスクをチャンスに！

1　初動対応および情報収集

①　警報，予測情報の情報収集

★インシデント（事業の中断を引き起こす可能性のある出来事）の中には，豪雨や感染症の拡大など，事前に警報や予測情報が提供されるものもあります．事前に情報を入手できるものについては，事実に基づく報道など信頼できる情報源からの情報収集を行い，災害に備えた浸水対策や，感染症予防のためのうがい，手洗いの励行，マスクの着用などの予防的な処置を実施します．

②　初動対応

★この段階での最優先事項は自身，同僚，近隣住民の安全確保です．設備・機器の安全装置を作動させるなど安全確保の処置をとった上で，定められた場所への避難などを行います．

★初動対応計画や方針に基づいて，インシデント（災害，パンデミックなど事業の中断を引き起こす可能性のある出来事）からの安全確保（避難など），救急対応などを行います．

③　情報収集

★身の安全を確保し，差し迫った危機を脱したら，家族，役員・従業員の安否確認など所定の手順に従って情報収集を開始します．

★一時的な避難場所の場合には，得られた情報をもとに，さらなる安全確保の活動が必要かを判断します．

★地震の場合には大規模な余震の発生，津波の場合には，第2波，第3波の発生の可能性があることを考慮して安全に行動します．

★この段階では，人命・安全にかかわる情報，発生したインシデントに関する情報の収集に集中します．

2　BCP（事業継続計画）の発動

＊BCP（事業継続計画）の発動基準を満たした影響が予想される場合，あらかじめ定めた基準に従いBCPを発動します．

＊BCPの発動は，あらかじめ定められた適切な人が判断を行います．台風や豪雨などの予想された災害の場合には，初動対応の段階で既にBCPが発動されているかもしれません（p.55の図の①の段階）．

＊災害などのインシデントは，必ずしも勤務時間中に発生するとは限りません．災害の発生時に役員・従業員が会社にいないこと，連絡がとれない可能性もあることも考慮して，役員・従業員全員がBCPの発動の基準を共有できていることが重要です．

＊BCPが複数の拠点にまたがって計画されている場合には，一時的なものであれ，それぞれの拠点の担当者がBCPを発動できる体制にしておくことが重要です．

■ BCP文書の参照

＊BCPの発動の可能性がある場合には，BCP文書を参照できる形で準備しておきましょう．

＊簡単なBCPであれば，既に演習などで対応の手順は頭に入っているかもしれませんが，緊急時に記憶を呼び起こし，適切な判断を行うことは難しいものです．必要なときに参照できるよう準備しておきましょう．

様々な状況を想定して準備しておこう

3 BCP（事業継続計画）の実行

A 体制の確認

★緊急時および事業継続のための対応チームも，BCP の中で既に
計画されていることでしょう．しかしながら，異動のタイミング
や不測の事態によって，チームが完全に機能しない場合もありま
す．改めて体制の確認を行い，必要な場合には代替要員の任命，
要員の補充を行います．

★一般的な，BCP 対応チームの編成は次のようになります．

チーム	主な役割
インシデント対応／BCP 戦略チーム	BCP 全体を管理し，計画に含まれない事態に対しても一貫した方針に基づき対応を決定する．経営に深く関与するメンバーの参画が必要．
緊急対応チーム	発生した緊急事態への対応を支援する．避難誘導係，救護係などが該当する．
コミュニケーションチーム	社内外とのコミュニケーションおよび必要に応じてメディアなどへの情報開示を担当する．会社の方針に沿った一貫した対応を実現するため，経営メンバーの参画が必要．
損害評価チーム	オフィス，建物，設備などの被害状況の確認を行う．
ICT チーム	情報通信システム（ICT）の被害状況を確認し，ICT 機能の復旧，または発生した状況に合わせた ICT システムの運用の変更などを担当する．
財務チーム	BCP の実施，継続に必要な財務面の運用を支援する．当座の資金管理，現金の支払いなどの必要性に対応する．
調達チーム	損害の状況などに応じて必要となる，または不足している消耗品などの調達を行う．
復旧チーム	あらかじめ優先順位付けされた優先事業活動の再開に向けた準備を行う．

B　コミュニケーションと記録

① コミュニケーション

　＊BCP（事業継続計画）に従って，役員・従業員，顧客，取引先とのコミュニケーション（情報収集）を実施します．

② メディア対応および情報公開

　＊特定のインシデント（自社に起因する事故・事件など）の発生やインシデントの状況によっては，適切なメディア対応，情報公開が周辺の安全確保，会社の評判を維持する上で大変重要になります．あらかじめ，メディア戦略，情報開示の戦略について経営陣を含めて決定しておきます．

　　例：油類，危険物等の保管状況およびその損傷状況の公表，予想される被害への対処方法，近隣住民等への警報の発信など

C 記 録

★インシデントへの対応中には，重要な発生事象，およびそれらの事象への対処，決定，指示等についての記録を残します．後にインシデントへの対応が適切に行われたことを示す証拠になり得ます．

★インシデント対応のための宿泊，消耗品の購入などについても領収証などの支出の記録を保管しておきます．会社によって，または保険や助成金などによって補償される場合があります．

D　資源の確認

　★ 事業活動の再開に必要な資源の損傷の度合いや，資源が確保され
　　ている度合いの確認を行います．

　★ まずは，優先順位付けされた活動に関連する資源の状況を優先的
　　に確認します．

種　類	内容，事例
人的資源（要員）	優先順位付けされた活動に従事する要員，作業者，販売員など ※1　通常時には自動化や機械化されている作業について，人手による代替手段を採用する場合には，普段よりも多くの資源を必要とすることに注意する．
建物，職場	オフィス，工場，店舗など
設備	生産・物流関連設備，生活関連設備（トイレ，食堂），安全・防犯関連設備
公共インフラ	電気，水，ガスなどのライフライン
商品・原材料	提供される商品の在庫や優先順位付けされた製品の製造に必要な原材料など
情報・データ	連絡先（顧客，協力会社，各拠点，役員・従業員など），契約書・注文情報（品物，数量，届け先），作業に必要な手順書など
ICTシステム	顧客や協力会社などとの通信手段を含む情報システム ※2　リモートアクセスなど，通常とは異なる経路でのアクセスの許容や増加により追加の資源が必要となる可能性にも注意が必要となる．
輸送・物流	従業員の通勤手段，商品・原材料などの物流手段
財務	緊急購入・調達のための資金を含む，当面の操業および消耗品などの購入のために必要な財務資源
協力会社・サプライチェーン	優先順位付けされた製品・サービスの供給に必要な商品や原材料などの供給者

E　対応状況の確認

* インシデントの発生から復旧までの流れは，一般的には以下の図
  のように表されます．全体の流れをイメージして，常に現在の状
  況を把握するようにしましょう．
* 収集された情報から，計画に対する現在の進捗，課題などを整理
  します．

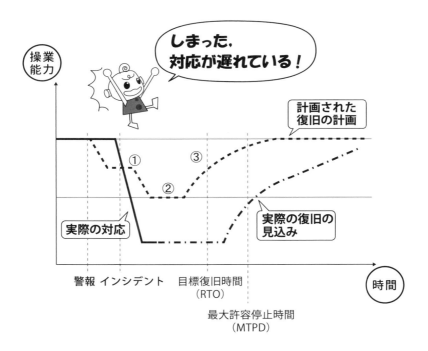

* 状況によっては，最大許容停止時間（MTPD），目標復旧時間
  （RTO）の再検討や，BCP の見直しが必要になる場合もありま
  す．また，あらかじめ検討した優先事業活動の内容を現在の状況
  に合わせて修正する必要が出ているかもしれません．

F　BCP 戦略の修正

★収集された情報をもとに，必要に応じて BCP 戦略の見直しを行います.

①　BCP 戦略の見直し

★資源に対する損害の状況によっては，当初予定していた優先事業活動の目標復旧時間（RTO）内での復旧は困難になるかもしれません.

★組織が受けた損害や，インシデントが地域または社会に与えた影響によって，優先事業活動の見直しが必要になっているかもしれません.

★収集した情報に基づき，自社の BCP 戦略の見直しを実施します.

②　従業員などのストレスの緩和

★代替手段によるインシデントへの対応が長期にわたる場合には，従業員やその家族に対する福利厚生面の見直しも必要になるかもしれません.

- ●自宅の資源を利用した在宅勤務に対する追加の手当の支給
- ●長期間にわたる代替サイトでの勤務者の一時帰宅処置
- ●事業の復旧に向けた日程などの情報共有　など

★事業の中断・阻害を引き起こすインシデントの影響下では，従業員など組織で働く人たちのストレスが高まっていることにも十分に注意を払います.

G　優先事業活動の再開

★ 事業影響度の分析などに基づき優先順位付けされた優先事業活動を再開します（p.55 の図の②の状態）.

★ BCP（事業継続計画）で設定された優先順位および手順に従って, 優先事業活動の目標時間内での再開を目指します.

★ BCP に基づき, 優先事業活動に関連付けられた資源を優先的に確認し, 確保します.

★ この段階での操業はインシデント発生前の操業とは異なり, 従来自動化されていた処理を人手で処理するなど, あまり効率的ではない操業を強いられる可能性があります.

例えば,

● 被災拠点から離れた, 別の場所で生産を再開する（作業者の宿泊等の手配など）.

● 自動化されていた処理を手動で行う（より多くの作業者が必要）.

● 混載便から専用便など代替輸送手段の採用（コスト増）

★ いずれも, 普段よりも多くのコストと時間を要する操業形態になる可能性があります. 事業継続の最大の目的は将来のビジネスの継続を確実にすることにありますので, この段階で必ずしも財務的な収支はプラスにならないかもしれませんが, 会社の義務, 評判なども考慮に入れながら, 許容できるレベルの操業になっていることを, 常に経営陣が確認する必要があります.

4　事業の復旧

① 復　旧

★ 優先事業活動が再開され, インシデント（事業の中断・阻害を引き起こした出来事）の状態が落ち着いてきたら, 復旧に向けた活動を開始します（p.55の図の③の状態）.

★ BCP（事業継続計画）の発動により優先度が下げられていたすべての事業活動を再開し, インシデントの発生前の状態に復旧します. この段階でも活動に関連する資源の状況, 活動の相互関係などを確認しながら, 段階的に活動を再開します.

★ 復旧のための選択肢は, 大きく次の2つに分かれます.
  ● インシデントで生じた被害を復旧して再開
  ● 代替または新規の拠点で活動を再開

★ 資源の損傷状況や, サプライチェーン・顧客の受けた被害状況によっては, 完全に元どおりの状態への復旧が難しい場合もあります.

② BCPの完了

★ すべての事業活動が再開され, インシデントへの対応が完了した時点でBCPの発動は終了します.

★ インシデントへの対応で得られた教訓を反映し, 次期発動に備えてBCPを改善します.

レビューのポイントをあらかじめ決めておこう

■ 大規模災害への対応状況のレビュー事例（震災，豪雨など）

（a）インシデントの特徴

 ✭ 建物，設備，ICT システム，物流などに大きな影響が生じる可能性があります.

 ✭ 被災地域は限定されている可能性が高いですが，顧客も同一地域で被災している場合は，売上などに大きな影響が生じる場合もあります.

（b）タイムスケジュールの検証（数字は記入イメージ）

	インシデントへの対応	BCP の想定	実際
発動	インシデント発生・初動対応 （社内への避難指示，緊急対応など）	0 分	
	役員・従業員の安否確認	1 時間	
	被災状況の確認 （社内，顧客，サプライヤ，インフラ）	3 時間	
	ライフライン（電気・ガス・水など）の復旧見込み	3 日	
	役員・従業員の出社可能時期 （※地域の被災状況によっては段階的な復帰を考える.）	1 週間	

※インシデント発生を発動時とおき，各対応にかかる期間を記す.

（c）優先事業活動に関連する資源などの検証

資源の種類	復旧時期	
	想定	実際
要員（役員・従業員）	1 週間	
建物，職場，ユーティリティ	3 日	
ICT システム	0 分	
輸送・物流	1 週間	
協力会社・サプライチェーン	1 週間	
顧客（資源ではないが重要）	1 日	

 ✭ 策定した BCP の予定と大きな乖離（かいり）がある場合は，BCP の見直しが必要です.

■ パンデミックへの対応状況のレビュー事例（社内での感染者発生）

(a) インシデントの特徴

★ 主に人的資源への影響が発生します.

★ 3 密回避などのために，建物（密にならない程度の勤務体制の採用）や備品，消耗品などの資源に影響が発生します.

★ 大規模な感染拡大により市場ニーズも変化する可能性があります（市場ニーズの縮小など）.

(b) タイムスケジュールの検証（数字は記入イメージ）

	インシデントに関連する事象	BCP の想定		実際	
		期間	人数	期間	人数
発動	感染発生（潜伏期間）	−2 週間			
	社内の人的資源（稼働可能な要員）への影響が生じる期間 　社内での感染者の発見	0 日			
	汚染の可能性のある場所の消毒	2 日			
	感染の可能性のある人の隔離	+2 週間			
	感染者の入院・回復	+2 週間			
	施設・活動に制約が生じる期間　国内／業務エリアでの終息	?			

※インシデント発生を発動時とおき，各対応にかかる期間や人数を記す.

(c) 優先事業活動に関連する資源などの検証

資源の種類	確認
事業継続チーム（調査・対策班，消毒班，福利厚生班など）のメンバーの不足	□ なし
優先事業活動の担当者の不足	□ なし
市場の変化	□ なし

★ 策定した BCP の予定と大きな乖離がある場合は，BCP の見直しが必要です.

第7章

第4ステップ
マネジメントシステム
の活用

1 事業継続マネジメントシステム（BCMS）
　規格 ISO 22301
2 体系化されたマネジメントシステムを採用
　するメリット
3 ISO 22301（事業継続マネジメントシステム
　—要求事項）箇条 4〜10 の構成

注記：本章の4〜10は，ISO 22301（JIS
　　　 Q 22301）の目次に対応しています.

[第4ステップ　マネジメントシステムの利用]

> 　第1ステップから第3ステップで，BCP の策定から実装・評価・改善，そして発動から復旧について学んできました．本章では，さらに発展した取組みを目指す読者のために，事業継続に向けた活動に ISO のマネジメントシステムを活用することについての内容を扱います．

1　事業継続マネジメントシステム（BCMS）規格 ISO 22301

★事業継続に向けた活動を，マネジメントシステムとして自社内に取り込み，体系化されたマネジメントシステムとして継続的改善を目指すために，国際規格 ISO 22301（JIS Q 22301）を活用することができます． ☞ **参考：p.12 第1章2⑧**

★ISO 22301 に基づく BCMS を構築し，事業継続管理に取り組むことによって，次のようなメリットを期待することができます．

- 自社の戦略的な目標（会社として到達を目指す最終的なゴール）の達成を助ける．
- 他社との競争において有利な状況を作りだし，自社の評判・信用を保護する．
- 役員・従業員を含む自社にかかわる人々の生命，財産の保護に貢献する．
- 事業の中断・阻害につながる緊急時および非常時にも，重要な業務プロセス（優先事業）を稼働させ，事業の継続を可能にする．
- 想定されるリスクに体系的に取り組むことによって，災害などから生じる被害を最小化し，長期的には対応のコストを低減することが可能となる．

2 体系化されたマネジメントシステムを採用するメリット

＊マネジメントシステムを採用すると，事業継続を仕事のしくみとして業務の中で取り組むことになり，次のような効果が期待できます．

● BCMS は，ISO 9001（品質マネジメント），ISO 14001（環境マネジメント）などと同様の PDCA サイクルに基づくマネジメントシステムです．これらのマネジメントシステムは，会社の方針に整合した運用を現場担当者まで浸透させ，改善につなげるという観点から，確かな実績をもつものです．

● 品質管理などの活動は，これまで培われてきた経験や，文化によって成り立つ部分が多くありますが，想定される事業の中断に予防的に対処するための事業継続マネジメントは，多くの会社にとって未経験の分野へのチャレンジになります．このような新たな分野へのチャレンジにおいては，企業の知識や経験に限定されることなく，体系的に整理された良い事例（ベストプラクティス）の活用が有効です．

● ISO 22301 に基づくマネジメントシステムの採用は，体系化されたマネジメントシステムの導入に役立つばかりではなく，事業継続マネジメントを支援する多くの関連ガイドライン規格を活用するきっかけの 1 つにもなり得ます．一般に多くの組織が，認証の必要性に迫られてから，ISO のマネジメントシステム規格を参照するケースが多いようですが，マネジメントシステム規格は，認証のためにだけ作成されているものではありません．認証を必要としない場合には，ISO 22301 の要求事項の必要な部分から採用し，段階的にマネジメントシステムを構築することも可能です．

＊以降では，ISO 22301 の要求事項の概要を確認していきます．

3　ISO 22301（事業継続マネジメントシステム ―要求事項）箇条 4〜10 の構成

4　組織の状況
4.1　組織及びその状況の理解
4.2　利害関係者のニーズ及び期待の理解
4.3　事業継続マネジメントシステムの適用範囲の決定
4.4　事業継続マネジメントシステム
5　リーダーシップ
5.1　リーダーシップ及びコミットメント
5.2　方　針
5.3　役割，責任及び権限
6　計　画
6.1　リスク及び機会への取組み
6.2　事業継続目的及びそれを達成するための計画策定
6.3　事業継続マネジメントシステム変更の計画
7　支　援
8　運　用
8.1　運用の計画及び管理
8.2　事業影響度分析及びリスクアセスメント
8.3　事業継続戦略及び具体策
8.4　事業継続計画及び手順
8.5　演習プログラム
8.6　事業継続の文書化及び能力の評価
9　パフォーマンス評価
9.1　監視，測定，分析及び評価
9.2　内部監査
9.3　マネジメントレビュー
10　改　善
10.1　不適合及び是正処置
10.2　継続的改善

（出典：JIS Q 22301:2020）

ISO **22301**
事業継続マネジメントの
規格を活用することができるね

箇条**7**は，ほかの
マネジメントシステムと
同じ構成だね

箇条 7 支援 の構成
7 支援
7.1　資　源
7.2　力　量
7.3　認　識
7.4　コミュニケーション
7.5　文書化した情報

箇条**8**には，
事業継続マネジメント固有の
要求事項が詳しく規定されているね

8.3 事業継続戦略及び具体策 の詳細
8.3　事業継続戦略及び具体策
8.3.1　一　般
8.3.2　戦略及び具体策の特定
8.3.3　戦略及び具体策の選択
8.3.4　資源に関する要求事項
8.3.5　具体策の実施

4　組織の状況

4.1　組織及びその状況の理解

①　自社の目的に関連して，BCMS の意図した成果を達成する能力に影響を与える外部・内部の課題を決定します．

4.2　利害関係者のニーズ及び期待の理解

4.2.1　一　般

①　BCMS の確立のために，BCMS に関連する利害関係者と，その利害関係者の関連する要求事項を決定します．

4.2.2　法令及び規制の要求事項

①　製品・サービス，事業活動，資源の継続に関連して，適用される法令・規制要求事項を調査し，参照するプロセスを実施し，維持します．

②　適用される法令・規制要求事項およびその他の要求事項を考慮して，BCMS を運用・維持します．

③　法令・規制要求事項情報を文書化し，最新の状態に保ちます．

4.3　事業継続マネジメントシステムの適用範囲の決定

4.3.1　一　般

①　BCMS の境界・適用可能性を検討し，BCMS の適用範囲を決定します．

②　適用範囲の決定においては，4.1 で特定した外部・内部の課題，4.2 で特定した利害関係者の要求事項，自社の使命，到達点，外部・内部の義務等を考慮します．

③　適用範囲は，文書化した情報として利用可能な状態にします．

4.3.2　事業継続マネジメントシステムの適用範囲

①　BCMS に含めるべき組織の範囲，製品・サービスを特定します．

②　適用除外事項を文書化し，それらを除外する理由を説明します．

［適用除外事項］

BCMS の適用範囲に含めない，製品・サービス，活動，資源（リソース）．適用除外は，BCMS の目的の達成に影響を与えない範囲でのみ認められます．

4.4　事業継続マネジメントシステム

①　ISO 22301 の要求事項に従って必要なプロセスとそれらの相互作用を含む BCMS を確立し，実施し，維持し，継続的に改善します．

5　リーダーシップ

5.1　リーダーシップ及びコミットメント

① 　トップマネジメントは，BCMS に関するリーダーシップおよびコミットメントを実証できるよう，次のことを実施します.

★戦略的な方向性と整合した，事業継続方針および事業継続目的を確立します.

★事業プロセスに BCMS に関連する活動を組み込みます.

★BCMS に必要な資源を確保します.

★有効な事業継続への取組みおよび BCMS 要求事項へ適合することの重要性を伝達します.

★BCMS が期待どおりの結果を出せるよう，注意を払います.

★BCMS の有効性に寄与するよう人々を指揮し，支援します.

★継続的改善を促進します.

★その他の管理層がリーダーシップを発揮できるよう，支援します.

5.2　方　針

5.2.1　事業継続方針の確立

① 　トップマネジメントが，自社の事業目的と整合して，事業継続に向けた取組みの方向性を示す，事業継続方針を確立します.

5.2.2　事業継続方針の伝達

① 　事業継続方針は，文書化し，社内に伝達し，必要に応じて利害関係者が利用できるようにします.

5.3 役割，責任及び権限

① トップマネジメントは，BCMS が ISO 22301 の要求事項に適合することを確実にし，BCMS のパフォーマンスを報告するための役割，責任と権限を割り当て，社内に伝達します．

6　計　画

6.1　リスク及び機会への取組み

6.1.1　リスク及び機会の決定

①　BCMS の計画を策定するとき，外部及び内部の課題（4.1），利害関係者の要求事項（4.2）で決定した要求事項を考慮して，取り組む必要があるリスク・機会を決定します．

②　リスク・機会への取組みは，次のことを確実にするために必要です．

★ BCMS が，意図した成果を達成することを確実にする．

★ 望ましくない影響を防止または低減する．

★ 継続的改善を達成する．

6.1.2　リスク及び機会への取組み

①　決定したリスク・機会にどのように取り組むか，それらの活動をどのように BCMS へ組み込むかを検討し，実施します．

②　リスク・機会への取組みの有効性をどのように評価するかを決めておきます．

BCMS のリスク及び機会 （6.1.1）

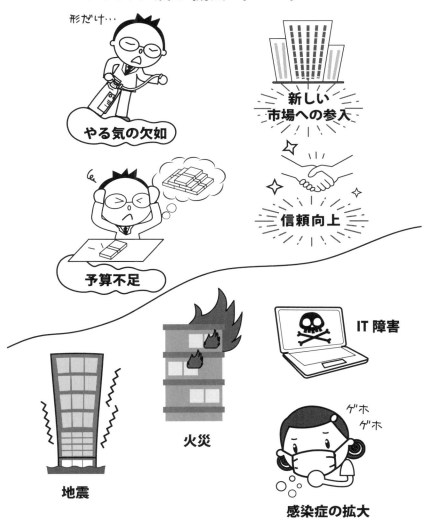

形だけ…

やる気の欠如

新しい
市場への参入

予算不足

信頼向上

火災

IT 障害

地震

ゲホ
ゲホ

感染症の拡大

事業の中断につながるリスク （8.2.3）

6.2　事業継続目的及びそれを達成するための計画策定

6.2.1　事業継続目的の設定

①　関連する部署や階層で，事業継続目的を設定します．

②　適用される法的要求事項・その他の要求事項等を考慮に入れて，事業方針と整合した，達成度が判定可能な事業継続目的を設定します．

③　事業継続目的は，監視し，伝達し，必要に応じて更新します．

④　事業継続目的は，文書として保持します．

6.2.2　事業継続目的の決定

①　実施事項，必要な資源，責任者，達成期限，結果の評価方法を示した，事業継続目的の達成計画を明確にします．

目的達成にむけて
手段，責任，資源などを
明確にしよう

6.3　事業継続マネジメントシステム変更の計画

①　BCMS の変更は，計画的に行います．

②　変更する場合には，変更の目的，変更によって生じる可能性のある結果，BCMS が完全に機能すること，利用できる資源，責任・権限の見直しを考慮に入れます．

7 支 援

7.1 資 源

① BCMSを導入・実行し，継続的に改善するために必要な資源を決定し，提供します.

7.2 力 量

① 事業継続の観点から重要な業務を担当する人たちに必要とされる力量を明確にします.

② それらの人たちが，適切な教育や訓練，経験に基づいて，必要な力量をもっていることを確認します.

③ 不足している力量がある場合などには，必ず力量を身につけるための対応を行い，その対応の効果を確認します.

④ 力量の証拠を記録します.

7.3 認 識

① 社内のすべての人が，次のことを理解しなければなりません.

　＊事業継続方針

　＊事業継続パフォーマンスの向上によるメリット，BCMSの有効性にどのように貢献できるか.

　＊BCMS要求事項に違反した場合，どのような問題が生じるか.

　＊事業の中断・阻害の発生前，発生したとき，発生した後のそれぞれの役割・責任

7.4　コミュニケーション

①　内部・外部のコミュニケーションの必要性や方法を決定します.

②　誰が，何を，いつ，誰に，どうやって伝えるのかを明確にします.

方法，対応の基準，責任者などを
あらかじめ決めておこう

7.5　文書化した情報

7.5.1　一　般

①　BCMS には，ISO 22301 が要求する文書化した情報，および，BCMS の有効性のために必要と判断した文書化した情報を含めます．

7.5.2　作成及び更新

①　文書化した情報を作成・更新する際は，次の事項を確実にします．

　★タイトル，日付，作成者，参照番号などにより適切に識別し記述する．

　★言語，ソフトウェアの版や，図表などの適切な形式を用いて，紙，電子等適切な媒体を選択する．

　★適切性・妥当性に関して，レビュー・承認を行う．

7.5.3　文書化した情報の管理

①　BCMS や ISO 22301 で必要とされる文書や記録等は，次の目的のために管理します．

　★必要なときに，必要なところで入手でき，利用できる．

　★必要な機密性を維持し，誤った使用が発生しないよう，適切に保護する．

②　該当する場合には，次の管理を確実にします．

　★配付，アクセス，検索および利用

　★読みやすさが保たれることを含む保管および保存

　★版管理など，変更の管理

　★保持および廃棄

8　運　用

8.1　運用の計画及び管理

① 要求事項を満たすために必要なプロセス，ならびに，リスク・機会に取り組むための必要なプロセスを計画し，実施し，管理します．

★ プロセスに関する基準の設定

★ その基準に従ったプロセスの管理の実施

★ 計画どおりにプロセスを実施するために必要な文書の作成

② 変更を管理し，意図しない変更から生じた結果をレビューし，必要に応じて有害な影響を軽減する処置をとります．

③ 外部委託したプロセス・サプライチェーンが管理されていることを確実にします．

8.2　事業影響度分析及びリスクアセスメント

8.2.1　一　般

① 事業影響度の分析，事業の中断・阻害に関するリスクの評価のための体系的なプロセスを定め，実施，維持します．

② 事業影響度分析とリスクアセスメントのレビューは，あらかじめ定めた間隔で実施し，さらに，社内または活動の状況に大きな変化があった場合にも実施します．

8.2.2　事業影響度分析

① 事業継続の優先順位付け，および要求事項を決定するため，事業影響度を分析するためのプロセスを構築します．

☞ 参考：p.25 第4章1 ①

8.2.3　リスクアセスメント

① 　リスクアセスメントプロセスを構築し，実施，維持します.

    ★優先事業活動とそれらの活動が要求する資源に対する，事業の中断・阻害のリスクを評価する.

    ★特定したリスクの分析・評価をする.

    ★対応を必要とするリスクを決定する.

    ☞ **参考：p.26 第4章2**

リスクを見える化して共有しよう

8.3　事業継続戦略及び具体策

8.3.1　一　般

①　事業影響度分析とリスクアセスメントからのアウトプットに基づいて，事業継続戦略を特定し，選択します．

②　事業継続戦略は，1つまたは複数の具体策で構成します．

8.3.2　戦略及び具体策の特定

①　次の条件を満たすことができるような戦略と具体策を特定します．

✽ 特定した時間枠の中で，合意された能力の範囲内で，優先事業活動を継続し，復旧するための要求事項に合致する．

✽ 優先事業活動を保護する．

✽ 事業の中断・阻害の起こりやすさを低減する．

✽ 事業の中断・阻害の期間を短くする．

✽ 事業の中断・阻害による製品・サービスへの影響を抑制する．

✽ 適切な資源の入手可能性に備える．

8.3.3　戦略及び具体策の選択

①　特定された戦略と具体策から，次の条件を満たすものを選択します．

✽ 特定した時間枠・合意された能力の範囲内で優先事業活動を継続し，復旧するための要求事項を満たす．

✽ 許容する（または許容しない）リスクの量・種類を考慮する．

✽ 関連費用と得られるメリットを考慮する．

8.3.4 資源に関する要求事項

① 事業継続の具体策を実施するために，必要な資源に対する要求事項を決定します．

必要な資源が明確にされているかを，もう一度確認してみましょう．

資源の種類	何を	どのくらい	いつまでに
要員			
建物等			
設備・消耗品			
情報			
ICT システム			
交通／輸送手段			
資金			
協力会社			

8.3.5 具体策の実施

① 必要なときに発動できるように選択した事業継続の具体策を実施し，維持します．

8.4　事業継続計画及び手順

8.4.1　一　般

①　事業の中断や阻害が発生したときの管理のための計画・手順を実施できる体制を構築し，維持します．また，この計画・手順は関連する利害関係者にタイムリーに伝達できるようにします．

②　実際に事業の中断や阻害が発生したときには，この計画・手順を実行します．

③　選択した戦略・具体策に基づき，BCP（事業継続計画）・手順を特定し，文書化します．

BCP・手順の適切性についてチェックしてみましょう．

	確認項目	確認
1	事業の中断・阻害が発生した際にとるべき緊急処置は，担当者がそれに従い行動できる程度に具体的ですか？	☐
2	発生した緊急事態の状況に合わせて対応できるよう柔軟性をもって計画していますか？	☐
	代わりの要員，代替策を考えるなど，特定の人，モノ，手段に限定されない計画になっていますか？	☐
3	発生したインシデントの影響を適切に捉え，対策を規定していますか？ ［例］　地震の場合：建物の損傷，交通の途絶，ライフラインへの影響 　　　　パンデミックの場合：外出禁止	☐
4	具体策の実施によって想定される影響を最小限にとどめるための対応が計画されていますか？	☐
5	それぞれの任務にかかわる役割・責任を明確にしていますか？	☐

8.4.2 対応体制

① 1つまたは複数のチームで構成する事業の中断・阻害に対応する体制を構築し，維持します．

② 各チームの役割・責任，チーム間の関係を明確にします．

③ チームは，全体として次のような力量を備えるよう編成します．

　★ 事業の中断・阻害とその潜在的影響の特徴・程度を評価する．

　★ あらかじめ定めた基準に照らして影響を評価し，BCP の正式な発動を判断し，適切な事業継続対応を行う．

　★ 状況を想定して実施する必要のある取組みを計画する．

　★ 人命の安全を最優先として優先順位を決定する．

　★ 事業の中断・阻害の影響，対応状況を監視する．

　★ 事業継続の具体策を発動する．

　★ 関連する利害関係者，関係当局，メディアとのコミュニケーションをとる．

各チームには次のものが備わっていますか？

	確認項目	確認
1	割り当てられた役割を遂行するために必要な責任，権限，力量をもつ要員が明確にされていますか？	☐
2	それぞれの役割について，代行者が明確にされていますか？	☐
3	BCP の発動，実施，調整，報告・連絡などチームの行動をガイドする手順書	☐

8.4.3　警告及びコミュニケーション

＊BCP（事業継続計画）を成功に導くためには，事業の中断・阻害による混乱の中で，効果的なコミュニケーション・情報共有を行うことが，欠かせません．

BCP・手順に含まれるコミュニケーションや情報共有の方法を確認してみましょう．

	確認項目	確認
1	誰が，いつ，どこと，何を，どうやって，コミュニケーション（情報の発信，受領）するかが明確になっていますか？ ●社内で ●社外の利害関係者と	☐
2	全国のまたは地域の災害情報提供システムから情報を入手する手段は明確になっていますか？	☐
3	事業の中断・阻害時においてもその通信手段は有効ですか？ ※大規模災害の発生時には，固定電話は使えない可能性が高く，携帯電話やインターネットも使用できない可能性があります．	☐
4	消防等緊急時対応機関とのコミュニケーション手段が明確になっていますか？	☐
5	（必要な場合）近隣住民など影響を受ける可能性のある利害関係者への警告が明確になっていますか？	☐
6	複数の組織が共同で対応する場合，組織間のコミュニケーション方法が明確になっていますか？	☐
7	報告または検証のために，事業の中断・阻害の状況，実行した処置の重要な点を記録していますか？	☐
8	コミュニケーションの手順や計画も演習に含めて，見直し，改善していますか？	☐

8.4.4 事業継続計画

① BCP（事業継続計画）・手順を作成し，維持します．

② BCP には，チームによる事業の中断・阻害への対応，会社としての対応および復旧に必要な手引と情報を含めます．

③ BCP には，全体として次の事項を含みます．

 ★ チームが，次の事項を行うための活動の詳細

  ● あらかじめ設定した時間枠内での優先事業活動の継続または復旧

  ● 事業の中断や阻害の影響，および自社の対応の監視

 ★ BCP 発動の基準および手順の参照

 ★ 合意した規模で，製品・サービスの提供を可能にする手順

 ★ 次の事項を配慮し，事業の中断・阻害の直接的影響に対処するための詳細事項

  ● 個人の福祉

  ● 波及する損害または優先事業活動が実施できなくなることの防止

④ 各詳細計画には，次の事項を含めます．

 ★ 目的，適用範囲，達成目標

 ★ 計画を実施するチームの役割・責任

 ★ 具体策を実施するための取組み

 ★ チームの取組みの発動，運用，調整，報告または連絡のために必要な判断基準および情報

 ★ 内部・外部の相互依存

 ★ 必要とする資源

 ★ いつ，誰に，何を報告するか．

 ★ BCP に基づく活動を終結する基準・手順

⑤　各計画が，必要なとき必要な場所で，使用でき，適用可能な状態であるよう管理します．

"いざっ！" というとき使える計画を

8.4.5　復　旧

①　事業の中断や阻害の発生時・発生後に採用されていた暫定的な対策から，事業活動を回復し，復帰するための文書化したプロセスを準備します．

8.5　演習プログラム

①　事業継続戦略および具体策の有効性が継続していることを検証するために，演習・試験のプログラム（目的の達成に向けた一連の計画）を実施し，維持します．

有効な演習・試験プログラムが計画されているかを確認してみましょう．

	確認項目	確認
1	事業継続目的を支援する演習・テストプログラムになっていますか？	☐
2	ねらい，または達成目標は明確ですか？	☐
3	想定されるシナリオは，十分に検討され，現実的に対応可能なものとなっていますか？	☐
4	演習・テストは，関連する人たちのチームワーク，力量，自信，知識の育成に貢献するものとなっていますか？	☐
5	演習・テストを繰り返し実施し，事業戦略および具体策を検証していますか？	☐
6	改善および提言を含めた正式な演習実施報告書を作成していますか？	☐
7	継続的改善を促進する観点からプログラムをレビューしていますか？	☐
8	定期的に，および重大な変化があった場合に実施していますか？	☐
9	演習・試験の結果に基づき変更・改善されていますか？	☐

8.6　事業継続の文書化及び能力の評価

① 　レビュー，分析，演習，試験，インシデント発生後の報告および
パフォーマンス評価を通して，次の事項の適切性，妥当性，有効性
を評価します．
　　＊事業影響度分析
　　＊リスクアセスメント
　　＊事業継続戦略・具体策
　　＊BCP（事業継続計画）・手順
② 　関連するパートナーおよびサプライヤの事業継続能力の評価を実
施します．
③ 　適用される法令・規制の要求事項の順守，業界のベストプラクティ
スならびに自社の事業継続方針・目的との適合の評価を行いま
す．
④ 　評価の結果，タイムリーに関連する文書・手順を更新します．
⑤ 　評価は次の場合に実施します．
　　＊あらかじめ定めた間隔
　　＊インシデントまたは対応の発動後
　　＊重大な変化がある場合

9 パフォーマンス評価

9.1 監視，測定，分析及び評価

① 次の事項を決定します．

★ 監視・測定が必要な対象（例：社内教育にかけた時間，演習の対象とした BCP の割合，演習中の誤り）

★ 該当する場合には必ず，妥当な結果を確実にするための監視，測定，分析および評価の方法

★ 監視・測定の実施時期ならびに実施担当者

★ 監視・測定結果の，分析・評価の時期および実施担当者

② 監視，測定，分析および評価の結果の証拠として，適切な文書化した方法を保持します．

③ BCMS パフォーマンスおよび BCMS の有効性を評価します．

9.2　内部監査

9.2.1　一　般

① 内部監査はあらかじめ定めた間隔で実施します.

② 内部監査では, 次の事項を判断し, 報告します.

　★BCMS に関して自社が規定したこと, および ISO 22301 の要求事項に適合しているか.

　★有効に実施され, 維持されているか.

9.2.2　監査プログラム

① 監査プログラム（監査の年間計画）を確立し, 実施し, 維持します.

② 監査プログラムは, 監査の頻度, 方法, 責任者, 計画を立案する際の注意点, 報告を含め, 監査対象の重要性, 前回までの監査結果を考慮に入れて策定します.

③ それぞれの監査について監査基準, 監査範囲を明確にします.

④ 監査プロセスの客観性, 公平性を確保できるよう, 監査員を選定します.

⑤ 監査結果は, 関連する管理者層に報告します.

⑥ 監査プログラムに基づく監査の実施結果を記録します.

⑦ 発見された不適合と, その原因を取り除くための処置をタイムリーに実施します.

⑧ フォローアップ監査には, 実施された処置の検証, 検証結果の報告を含めます.

9.3　マネジメントレビュー

9.3.1　一　般

① 　トップマネジメントは，あらかじめ定めた間隔でマネジメントレ
　　ビューを実施し，BCMS が引き続き，適切，妥当かつ有効である
　　ことを確認します.

9.3.2　マネジメントレビューへのインプット

　マネジメントレビューは，次の事項を考慮します.

　　＊前回までのマネジメントレビューの結果とった処置

　　＊BCMS に関連する外部・内部の課題の変化

　　＊次に示す傾向を含めた，BCMS 変化のパフォーマンスに関する
　　　情報

　　　　●不適合および是正処置

　　　　●監視および測定の評価の結果

　　　　●監査結果

　　＊利害関係者からのフィードバック

　　＊方針および目的を含め，BCMS を変更する必要性

　　＊BCMS のパフォーマンスと有効性を改善するため，自社で利用
　　　する手順および資源

　　＊事業影響度分析とリスクアセスメントの結果から得られる情報

　　＊事業継続の文書類・能力の評価から得られる結果

　　＊過去のいずれのリスクアセスメントでも適切に対処していなかっ
　　　たリスクまたは課題

　　＊ニアミスおよび事業の中断・阻害を引き起こすインシデントから
　　　学んだ教訓と，実施した処置

　　＊継続的改善

9.3.3　マネジメントレビューのアウトプット

① 　マネジメントレビューからのアウトプット（決定，指示事項）には，継続的改善の機会，ならびに効率および有効性を改善するために，BCMS のあらゆる変更の必要性に関する決定を含みます．

② 　また，次も含めます．

　★BCMS の適用範囲の変更

　★事業影響度評価，リスクアセスメント，事業継続戦略・具体策，ならびに BCP（事業継続計画）の最新化

　★BCMS に影響する可能性がある内部・外部の課題に対応するための手順と管理策の修正

　★管理策の有効性の測定方法

③ 　マネジメントレビューの結果は，文書化した情報として保持します．

④ 　マネジメントレビューの結果を，該当する利害関係者に伝達します．

⑤ 　マネジメントレビューの結果に対する適切な処置をとります．

10 改 善

10.1 不適合及び是正処置

① BCMS の意図する成果を達成するために改善の機会を決定し，必要な取組みを実施します．

② 不適合が発生した場合には，次の事項を行います．

★ 不適合に対処し，該当する場合には必ず次の処置を行う．

● 不適合を管理し，修正するための処置をとる．

● その不適合によって起こった結果に対処する．

★ その不適合が再発または他のところで発生しないようにするため，次の事項によって，その不適合の原因を除去するための処置をとる必要性を評価する．

● 不適合をレビューする．

● その不適合の原因を明確にする．

● 類似の不適合の有無，またはそれが発生する可能性を明確にする．

★ 必要な処置を実施する．

★ 実施したすべての是正処置の有効性をレビューする．

★ 必要な場合には，BCMS の変更を行う．

③ 是正処置は，検出された不適合がもつ影響に適切なものとします．

④ 不適合の性質ととった処置，是正処置の結果を記録として残します．

10.2　継続的改善

① 　定性的および定量的な測定に基づき，BCMS の適切性・妥当性・有効性を継続的に改善します.

② 　分析・評価の結果ならびにマネジメントレビューからのアウトプットから，事業または BCMS に関連する継続的改善のニーズ・機会を明確にして，継続的改善に取り組みます.

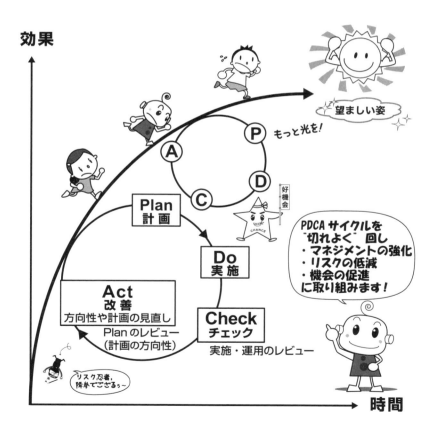

第8章

資料編

資料A　事業の影響度分析の事例

☞ 参考：p.25 第4章1①

　BCP（事業継続計画）を全社ではなく優先順位が高い事業，製品・サービス，拠点，部門部署について重点的に作成するには，まず自社の事業を分析しますが，その分析の事例を示します．

① 事業の影響度分析イメージ

	事業名	売上全体に占める割合（％）	利益全体に占める割合（％）	企業ブランドへの貢献
1	A事業	XX	XX	中
2	B事業	XX	XX	高

② 顧客の影響度分析イメージ

	事業名	提供する主な製品・サービス分野	売上全体に占める割合(％)	利益全体に占める割合(％)
1	A顧客／ターゲット顧客層A	○○○	XX	XX
2	B顧客／ターゲット顧客層B	○○○	XX	XX

③ 製品・サービスの影響度分析イメージ

	製品分野名（またはサービス分野名）	売上全体に占める割合(％)	利益全体に占める割合(％)	企業ブランドへの貢献
1	A製品分野／Aサービス	XX	XX	高
2	B製品分野／Bサービス	XX	XX	中

④ 営業拠点の影響度分析イメージ

	拠点名	売上全体に占める割合（%）	利益全体に占める割合（%）
1	A支店	XX	XX
2	B支店	XX	XX

⑤ 生産拠点の影響度分析イメージ

	拠点名	生産高全体に占める割合（%）	利益全体に占める割合（%）
1	A工場	XX	XX
2	B工場	XX	XX

⑥ 物流サービスの影響度分析イメージ

	拠点名 （例：完成品を保管する倉庫）	在庫金額全体に占める割合（%）	棚卸回転率（%）
1	A倉庫（委託）	XX	XX
2	B倉庫（社内）	XX	XX

　これは分析の事例ですが，会社全体の事業に占める影響度（非常時の事業への影響度）を把握し，BCPを作成するターゲット（適用範囲）を決めます．

　会社全体をまんべんなく考慮したBCPは**具体性に欠け，機能しにくいこと**があります．ターゲットを絞り，徹底的に調査・分析した上で，非常時に有効なBCPを策定し，展開し，維持・改善することをおすすめします．

資料 B　事業継続リスクシナリオの事例

☞ 参考：p.26 第4章2

　決定した BCP（事業継続計画）の適用範囲の拠点に関連性が高いリスクについて，近隣行政や公的機関，研究機関の情報をもとにリスクシナリオを明確化します．

　ここでは，大地震発生時とパンデミック発生時の2つの事例を示します．

B-1　事業継続リスクシナリオの事例 ―大地震発生時

① 　基礎情報の事例

拠点名	○○○事業所
大地震名称	首都圏直下型地震，南海トラフ巨大地震等
被災地域	大きな被害を受ける地域を記載
地震の規模	マグニチュード X，震度 X
発生確率	XX 年間で，XX％の発生確率
拠点の海抜	X m
浸水	X m～X m
津波の可能性	過去の被災状況および津波が発生し影響を受ける可能性を記載
出典	調査資料の URL や発行日を記載

② 　インフラ復旧予測（記入例）

前提条件	想定の前提条件を記載します．
電気	災害発生の○週間後に XX％復旧
通信（固定電話，インターネット）	災害発生の○週間後に XX％復旧

通信（携帯電話）	災害発生の○週間後に XX％復旧
上水道	災害発生の○週間後に XX％復旧
下水道	災害発生の○週間後に XX％復旧
ガス	災害発生の○週間後に XX％復旧
交通	公共交通機関，道路の復旧は○週間後
建物への入館	災害発生の○週間後（被災状況の診断後）
出典	調査資料の URL や発行日を記載

★ <u>インフラ復旧予測は前提条件により変わってくるため</u>，前提条件をしっかりと確認し，見直しする必要があります．

★ 例えば，南海トラフ巨大地震であれば，どこで発生するケースを想定しているかを明確にします（例：震源地はどの地域か，海側か，陸側かなどの前提条件を書き入れます）．

③ 勤務できる従業者数（役員・従業員数）の事例

災害発生後の時期	勤務状況（従業者の割合）		
	出社	在宅勤務	勤務不可
平常時（参考）	9 割	1 割	0 割
0 〜 3 日後	1 割	1 割	8 割
4 日後〜 14 日後	2 割	2 割	6 割
15 日後〜 30 日後	3 割	3 割	4 割
31 日後〜 60 日後	4 割	4 割	2 割

★ 平常時から在宅勤務の比率が高い企業は，非常時の影響が小さい（非常時に強い）ことがわかります．この考え方は，自社の BCP 適用範囲を分析するだけでなく，サプライヤ（仕入先，外部委託先）を分析する際にも用います．

B-2　事業継続リスクシナリオの事例 —パンデミック発生時

✭対応例としては，COVID-19 発生時の事実をもとにリスクシナリオを作成しておき，将来は新型感染症の特徴に合わせた内容に書き換えて用いるとよいでしょう.

✭新型感染症は，初期段階は科学的な情報が不足しがちで，デマ，恣意的な発言も増えます. リスクシナリオは，<u>最新の科学的根拠のある情報や知見に基づき何度も見直しする必要があります</u>.

①　基礎情報の事例

名称	例：COVID-19（新型コロナウイルス感染症）等の RNA ウイルスによる感染症の世界的大流行
過去の発生状況 （参考例）	1918 ～ 1920　スペインかぜ 　　　　　　（インフルエンザ） 1957 ～ 1958　アジアかぜ 　　　　　　（インフルエンザ） 1968 ～ 1969　香港かぜ（インフルエンザ） 2009 ～ 2010　新型インフルエンザ 　　　　　　［A（H1N1）pmd09］ 2019 ～　　新型コロナウイルス感染症 　　　　　　（COVID-19） 間隔 約 40 年 約 10 年 約 40 年 約 10 年
発生の影響 （衛生管理面， 勤務形態面）	● 社内，通勤経路での感染対策の徹底が要求される. ● 国内・海外出張が制限される. ● 在宅勤務（テレワーク）への移行が増える. ● メンタル面のケアがより必要になる.
社内勤務時の 注意事項	● 3 密（密閉，密集，密接）回避 ● マスクは正しく全時間着用 ● 消毒液（有効な品目，濃度，鮮度）の使用 ● 食事時間は慎重に（マスクを外すため）

発生の事業への影響	●対面で行う業務は，顧客や客単価が一時期減少し，事業に負の影響を及ぼす. ●売上に占める固定費の割合が大きくなる.

② 勤務できる従業者数（役員・従業員数）の事例

パンデミック宣言後の時期	勤務状況（従業者の割合）		
	出社	在宅勤務	勤務不可
平常時（参考）	9割	1割	0割
0〜1か月後	5割	4割	1割
1〜2か月後	3割	6割	1割
○〜○か月後	3割	7割	0割
○〜○か月後	2割	8割	0割

※勤務不可には，健康被害，家族のサポート，在宅勤務の設備が整わないなどの様々な理由が含まれます.

資料 C　業務面の分析と備えの強化の事例

☞ **参考：p.28 第 4 章 3A**

★非常時に，①どの業務を優先的に実施するか，②その備えはどのよう
　な状況か，③備えの強化として何を実施するか，を明確化します．

業務		業務の優先度		勤務場所の柔軟性	
分類	業務項目	平常時	非常時	在宅勤務で対応できるか	備考
		S 超（上位 2 割） A 高高（次の 2 割） B 高（次の 2 割） C 中（次の 2 割） D 低（残り 2 割）		★10割 ◎8〜9割 ○6〜7割 △3〜5割 ×0〜2割	
外部委託先評価・選定	新規委託先の評価・選定	B	C	○	現場訪問
	既存委託先の再評価	B	D	◎	
	委託先との契約	B	D	△	押印作業
リスク対策	委託先に起因する品質問題への対策	A	A	△	現場訪問
	委託先への定期監査，現地指導	C	D	△	現場訪問
発注	日々の発注	S	A	★	
受入	納品物の受入検収	S	B	×	現物確認
在庫保管	在庫の棚卸し（数量，品質確認）	C	B	○	現物確認

★ここでは，**メーカーの購買部門の一部の業務について**，大震災（震度6強以上）・大津波（床上浸水あり）が発生した非常時に，50%の要員しか勤務できない場合を想定した参考事例を示します．

人		モノ		文書・教育・訓練			備えの強化
非常時の要員体制（人，スキル）		非常時のモノ（ハード・ソフト・サービス）		非常時に自部署内／他部署からの応援予定者が確認する文書			
要員体制	備考	モノ	備考	文書の整備	応援予定者への教育・訓練	備考	期中の備えの強化事項
◎十分 ○ほぼ十分 △応援要 ×応援できない		◎十分 ○ほぼ十分 △改善要 ×改善できない		◎十分 ○ほぼ十分 △改善要 ×改善できない	◎十分 ○ほぼ十分 △改善要 ×改善できない		
△	人数・スキル不足	◎		△	△	評価基準があいまい	委託先を評価する際，被災リスクやサプライチェーン，BCP作成状況も確認し，リスクを低減させる．
◎		◎		○	○		
◎		◎		◎	◎		
△	長年，Aさんのみ担当している	◎		△	△	追加要員の育成が必要	現担当者（社内の専門家）が被災し，勤務できない状況への備えとして，複数名が技術的に可能になるように人材を育成する（なぜなぜ分析技術の習熟等）．
△	（同上）	◎		△	△	（同上）	
△	人数不足	○	発注システムは社内サーバーにある	◎	△	追加要員の育成が必要	発注システムの遠隔地バックアップやクラウドサービスの利用を検討する．
△	人数不足	◎		◎	△		ICタグにより受入検収，在庫管理工数を低減させる．地震による落下品の品質確認基準や道具の強化が必要．
△	人数不足	△	落下品の品質を確認する計測器なし	△	△	落下品の品質判断基準の作成要	

（次のページへつづく）

資料 C　　業務面の分析と備えの強化の事例（つづき）

業務		業務の優先度		勤務場所の柔軟性	
		平常時	非常時	在宅勤務で対応できるか	
分類	業務項目	S 超（上位2割） A 高高（次の2割） B 高（次の2割） C 中（次の2割） D 低（残り2割）		★10割 ◎8〜9割 ○6〜7割 △3〜5割 ×0〜2割	備考
災害への備え※	外部委託先を起点とするサプライチェーン（委託先，再委託先，部材仕入先）の調査（ルートの明確化，被災リスクの明確化）	A	―	◎	
	サプライチェーンの被災時への備えの検討，強化	A	―	○	現場訪問
	距離が離れた複数地域への委託の検討・対応（サプライチェーンを地域分散させ，被災リスクを低減する）	A	―	★	
	非常時の委託先との連絡方法の共有（電力，通信の復旧ができない場合も想定）	S	S	★	
	設計の標準化，部材の標準化により，特注品の比率を下げて，非常時に複数ルートから調達しやすくする，また部材の標準化推進により在庫を減少させる．	A	―	★	
非常時対応	非常時の被災状況調査，支援	―	S	○	
	被災状況に基づく対策検討，実行	―	S	○	
	委託先からの供給が中長期的に大幅減少する場合は，他の委託先からの仕入れを増やす． （その場合，委託先評価，部材の品質評価，品質マネジメント面の評価等を臨時実施）		S	◎	現場訪問なしでも実行できるしくみにする．

※"災害への備え"は，平常時の実施事項です．この備えをリスクの大きさに応じて"計画的に"取り組み続け，BCP を鍛え続けるためには，経営陣のリーダーシップが不可欠で，BCM 活動の成否はこのリーダーシップの力にかかっています．

人		モノ		文書・教育・訓練			備えの強化
非常時の要員体制（人，スキル）		非常時のモノ（ハード・ソフト・サービス）		非常時に自部署内／他部署からの応援予定者が確認する文書			
要員体制		モノ		文書の整備	応援予定者への教育・訓練		期中の備えの強化事項
◎十分 ○ほぼ十分 △応援要 ×応援できない	備考	◎十分 ○ほぼ十分 △改善要 ×改善できない	備考	◎十分 ○ほぼ十分 △改善要 ×改善できない	◎十分 ○ほぼ十分 △改善要 ×改善できない	備考	
◎		◎		◎	◎		しくみはできているが，サプライチェーンの被災リスク調査・分析が未完了.
○		◎		△	△		調査結果を基にした備えの強化は進んでいない（リスクは放置されている）.
○		◎		△	△		未着手
◎		△		△	△		連絡網の継続的な更新（最新化）を実施する. 複数の連絡方法の設定要.
△		○		△	△		別途，開発部門と打合せ. 購買要員の技術スキル，品質マネジメントスキルの教育要.
△	人数不足	○	通信手段	△	△		文書（手順，基準）の作成要. 実施者（応援予定者を含む）の品質リスク，事業継続リスクを見抜くスキルが不十分のため教育・訓練が必要.
△	人数不足	○		△	△		
△	人数不足	○		△	△		

資料 D　インフラ面（建物，設備等）の分析と備えの強化の事例

☞ 参考：p.28，30 第 4 章 3B，D

★非常時に，①どのインフラ（建物，設備等）は使用できなくなるか，
　②備えの強化として何を実施するか，を明確化します．

項目（例）		脅　威	使用できない
			影響度
		どのような場合に	どれだけの被害が発生するか
施設・設備関係	建物	震度 6 強発生時	全部／一部倒壊，損壊
	生産設備	震度 6 強発生時	全部／一部倒壊，損壊
	製品倉庫	震度 6 強発生時	完成品，部材が棚から落下し，不適合品が大量発生する．
	AED（自動体外式除細動器）	心臓が不規則に痙攣（けいれん）し，血液を全身に送れなくなっても蘇生できない．	心停止から AED 処置までの時間が短いほど救命率が高い．救命率は約 5 分後の処置で 5 割，約 9 分後で 1 割．
ICT（情報通信技術）関係	携帯電話（スマホ等）	・送電線の損傷 ・基地局への電力供給停止，非常用自家発電装置の燃料切れ ・利用者の急増，膨大なデータ送受信による通信混雑	携帯電話が使用不可になる．
	販売管理システム	・大地震による外部データセンターの被災（サーバー倒壊，近隣での火災の発生） ・電力供給停止，非常用自家発電装置の燃料切れ ・通信・ネットワークの停止・故障	システムが使用不可になる．バックアップデータによる復旧分以外のデータが損傷する．

＊ここでは，メーカーの工場の一部インフラについて，大震災（震度6強以上）・大津波（床上浸水あり）が発生した非常時の被害と備えの強化を想定した参考事例を示します.

リスク	備えの強化
発生可能性	
実績：過去の発生状況は 予測：今後の発生可能性は	期中の備えの強化事項
過去：震度5強発生時，建物がしなった. 予測：建物の設計時の耐震性，建物老朽化から震度6強で損傷する可能性が高い.	• 建物の竣工は19XX年．1981年（昭和56年）の建築基準法施行令の大改正以前の設計・施工のため，耐震性が不十分で対応を検討要.
過去：震度5強発生時，固定していない中型設備が倒壊した. 予測：震度6強では，大型設備も倒壊する可能性が高い（重心が高いため）.	• 大型設備について，土台接地面のボルトがさびており，要改善. • 労働安全衛生パトロールで，地震発生時の設備倒壊防振の視点で問題点を明確化し対応する.
過去：震度5強発生時，一部の製品が棚から落下した. 予測：震度6強では，棚が倒壊し，多くの完成品や部材が落下する可能性が高い.	• 棚を金具で接続し倒壊を予防．重心の不安定な製品は棚下段に置き，落下を予防. • 労働安全衛生パトロールで棚の倒壊防止策や落下防止策について問題点を明確化し，対応する.
年間の交通事故死者数よりも，突然の心停止（心臓突然死）者数の方が大幅に多い．非常時，平常時とも発生可能性あり.	• 男女とも，使用方法の教育・訓練（ステップ1：取扱説明書とビデオによる理解，ステップ2：実地訓練）の修了者を増員し，いざというときに，勇気をもって迅速に使えるようにする.
実績：過去の大震災発生時，通信混雑により使用できにくい状態が発生. 予測：スマホによる写真や動画の送受信で通信が混雑し，使用できなくなる可能性が高い.	• 携帯電話の電波が利用できない場合の通信手段を事前に検討し，情報共有方法を決めておく.
実績：過去震災時に外部データセンターは問題なかったが,通信停止は発生. 予測：記憶媒体のエラー，空調の故障による温度異常，落雷等による故障の発生確率は二重化により小さいが，連鎖するとサーバ，ネットワーク，通信故障の可能性はある.	• 遠隔地バックアップを確実に行う. • リストアできる要員を育成・増員し，現担当者が被災して勤務できない場合にはほかの人が対応できるようにする.

資料 E　BCP（事業継続計画）の事例

☞ **参考：p.33〜36 第 4 章 5**

📖 **事例：p.96〜97 第 8 章　資料 B B-1**

★ BCP では，大規模災害が発生した直後から，緊急時（初動対応時期）を経て，非常時に実施すべき事項を明確化します．

公共インフラの復旧状況 （電力，通信，上水道，下水道等）			
非常時の実施項目	担当 （複数名）	関連 文書	災害 発生前
A　初動対応（共通）			
A1　安全確保 ①自分・家族の安全・健康確保，②同僚・隣人の安全・健康確保，③二次災害の予防，④安否確認・傷病手当，⑤災害ニュースの確認，⑥災害伝言ダイヤル（171）等に登録			
A2　行き場／居場所の決定 その場にとどまる，または帰宅を検討する．（複数の災害ニュースから判断，デマ注意）			
A3　近隣サポート，情報収集・共有道具の確保 ①近隣地域の被災状況の確認・支援・傷病手当，②自分の ICT 道具（スマホ，PC，サーバー，情報システム，通信，ネットワーク）の調査・復旧，③情報共有方法の整備（ネット掲示板，オフライン時や現地では手書き"掲示版"）の準備			
B　BCP 発動の確認と体制の整理（共通）			
B1　BCP 発動の確認 • 経営層や BCM 事務局から，BCP 発動宣言を確認する． • 業務の優先度が非常時用になる．			
B2　要員体制の整理，在宅勤務の拡大 • 勤務可能者の確認，応援者の受入等 • 在宅勤務（テレワーク）の運用比率を急拡大させる．			

★ここでは，**メーカーの購買部門の一部の業務について**，大地震（震度
6強），大津波（床上浸水）が発生した"非常時"を想定したBCP
の参考事例を示します．

	停電, 通信不通		電力・通信 復旧	上水 復旧	下水 復旧	正　常			
災害 発生	当週		1か月目			2か月目		3か月目	
被災 1日目	2〜3日	4〜7日	2週目	3週目	4週目	上旬	下旬	上旬	下旬
	→								
	→								
	→　　　　　　→								
	→								
	→　　　　→ →　　　　→								

（次のページへつづく）

資料 E　BCP（事業継続計画）の事例（つづき）

公共インフラの復旧状況 （電力，通信，上水道，下水道等）			
非常時の実施項目※	担当 （複数名）	関連 文書	災害 発生前
B3　資料 C（業務面の分析と備えの強化の事例）の修正 • その時点で得た被災状況等の情報をもとに，資料 C に記載した業務の優先順位を見直す．※ • 情報共有方法の確認，作業分担，（一部の人は）他組織の応援に向かう．			
C　優先事業活動の開始・推進 **［部署の BCP（事業継続計画）の推進］** （以降では，購買部門の外部委託先監理を例とする）			
C1　サプライチェーンの被災状況調査 • サプライチェーンの連絡リストの準備，調査優先順位の検討，作業分担を行う． • 連絡・情報共有の準備（PC，スマホ，サーバー，通信等を被災状況に応じて選択） • サプライチェーンへの被災状況調査, 情報共有			
C2　サプライチェーンへの対策 • 被災状況に基づく対策の優先順位の検討，作業分担 • 対策の具体化，委託先と打合せ，実行			
C3　代替先の検討 • 委託先からの供給が中長期的に大幅減少する場合は，並行委託先（代替先）を検討する． • 新委託先（候補）の評価 （マネジメントシステム，製品・サービス，事業継続マネジメント，リスク面の評価等） • 基本契約，機密保持契約 • 発注，品質マネジメント活動の推進			

※"非常時の実施項目"には，p.100 の資料 C（業務面の分析と備えの強化の事例）に記載した業務の優先度（非常時）が，"S超"・"AA 高"の業務を記載し，スケジュールを明確化する.

停電,通信不通	電力・通信復旧		上水復旧	下水復旧	正常			
災害発生	当週		1か月目			2か月目		3か月目	
被災1日目	2～3日	4～7日	2週目	3週目	4週目	上旬	下旬	上旬	下旬

資料F　BCM（事業継続マネジメント）ボトルネックの事例

☞ 参考：p.36 第4章5④

　ボトルネックとは，BCP の**目標復旧時間を達成する際の弱点**（阻害要因）のことです．この弱点が解消されないと，BCP 全体が計画どおり進まないので，あらかじめ弱点を明確にして，優先順位付けを行い，備えを強化しておきます．

5つの視点	ボトルネックの例
A　業務面	● 生産工程で，技術的に専門家しかできない業務がある．その業務は属人化しており，その専門家（1名専任）が出社できないと出荷が停止する． ● 平常時の業務では部署の責任者が重要情報を把握し，細かく指示し，担当者は指示に基づき業務を遂行している．責任者が被災し業務遂行できないと，担当者は躊躇し，生産性は著しく低下する．
B　インフラ面	● 生産工程で金型や計測器が損傷すると，生産停止期間が長引く（予備がなく再調達に日数がかかる）． ● 工場で荷物用の大型エレベーターが被災すると，製品（重量物）の移動が困難になる． ● 入居する賃貸ビルでは，災害発生後は下水道が復旧しない限りトイレが使えず入館許可が下りないため，出社による業務が停止する（下水道の復旧は電力よりも日数がかかることが多い）．
C　サプライチェーン面	● 一次外注先についてはリスク低減のため拠点所在地域を分散していたが，二次外注先や一次外注先に納品する部材メーカーの所在地域が同一であるため，被災すれば結局すべての一次外注先の操業が停止し，自社への納品が停止する． ● 自社の生産能力は回復しても，物流（外部委託倉庫，運送）が地域の公的な災害復旧活動優先で，民間の物流の稼働力が低下し，顧客への供給能力を上げることができない．

5つの視点	ボトルネックの例
D　ICT面 （情報通信技術）	● 外部サーバーのシステムやデータは同じデータセンター内にある（遠隔地バックアップ未実施）ため，データセンターで火災が発生すると，バックアップデータをリストアできず業務停止する. ● 在宅勤務・テレワークでWeb会議サービスを使用する際，通信回線の容量が小さく，運用時間帯や運用方法に制限がかかり，生産性が低下する.
E　パンデミック関連	● 前回のパンデミック発生時，在宅勤務率が5割前後と改善が必要な状況である．原因は，サーバーや情報システムへの情報共有が不十分で，在宅での業務効率が低いこと，また業務の属人化の改善も行わないと，在宅勤務率は上がらない. ● 科学的に効果のある品目・濃度の消毒液やマスクの備蓄が少ない. ● AED（自動体外式除細動器）は1台あるが，実際使える人が少なく，いざというときにAEDをスピーディーに使えない．異性に対してAEDは使いにくいので，訓練の機会を増やし，現場で勇気をもって使える人を増やす必要がある.

資料 G　自分の BCP（非常時の実施事項）の事例

　非常時に電力や通信が復旧していない場合や，上司が被災し出社できない場合も想定し，日頃から自分の BCP（非常時の実施計画）を明確にし，認識しましょう．

① 　基礎情報

氏名	○○○○
在宅勤務の状況	平常時も週 X 回在宅勤務を実施し問題なし．

② 　自部署の業務で，"非常時に"優先順位の高い業務（購買課の例）

優先度	業務項目	必要な資源
[記入説明] 優先度の高い順に S, A, B, C，D などを記載します．	○○○	●人：必要な力量（資格，経験，スキル，教育・訓練） ●モノ：必要な道具（ハード，ソフト，サービス） ●文書：必要な文書，記録
[記載例] A：優先	（大地震・大津波発生後）部材調達先の被災状況調査	●人：購買課員＋他部署からの応援 ●モノ：スマホ，PC，予備バッテリー，Wi-Fi ルーター，サーバー，模造紙，マジック，付せん紙 ●文書：被災状況調査手順書，被災状況調査表（事前調査分，今回の被災調査分），重要部材の構成表，サプライチェーンの連絡先リスト（直接発注先，再発注先）

③ 他者，他部署の応援業務

優先度	業務項目	必要な資源
［記載例］ A：優先	○○○※	他者，他部署の業務を応援するために必要な資源（人，モノ，文書）

※非常時の応援業務，体制について，関連する部署と事前調査が必要です．

④ 情報収集・共有方法

社外情報	ニュース・防災アプリ，地域の防災サイト，災害用伝言ダイヤル
社内情報	在宅時，通勤途中でも会社での情報を共有できるアプリ・ウェブサイト等
文書	緊急連絡網，出社・帰宅判断基準書（スマホ内）

⑤ 自分の業務で，"非常時に"困りそうなことと対策（課題）

	"非常時に"困りそうなこと（課題）	対策
人	他部署からの応援要員がいないと，非常時に業務が必ずあふれる．	（今期の対策を記入）
モノ	停電時への備えとして，携帯電話回線（Wi-Fiルーター等）とバッテリーが不足し，PCやスマホを用いた業務ができない．	
文書	業務が属人化しており，業務基準や手順を表す文書がないので，他部署の応援要員が来ても，作業手順を説明しにくい．	
その他	常用薬の予備を一定量確保しておかないと，健康維持上のリスクを低減できない．	

114

あ と が き

　BCM を推進する際，"将来の非常時への備えの強化" という活動の主目的に加えて，短期的で魅力的な "副目的の設定" をおすすめします.
　例えば，①テレワークの推進（効果の例として，ワークライフバランスの推進，遠隔滞在先での業務，介護離職の予防），②情報共有化の推進（テレワーク時の仕事のしやすさ向上），③業務の属人化解消の推進（業務量や残業時間の平準化，要員育成の推進，NO と言うのが苦手な要員のサポート），④個人が "自分で" 想像し，考え，動く力量をつける教育の強化，⑤製品・部材，サービスの設計の標準化の推進（在庫金額の減少，生産プロセスの効率性向上，ユーザーインターフェースの標準化による使い勝手や拡張性の向上），⑥ AED 教育受講者の増員（いざというとき，"勇気をもって" AED を使える人の増員）などが副目的の事例です.
　経営層が "やらなければ" と考えていても，売上・利益に直接関連しないことからつい後回しにしている重要性の高い事業課題の中から "魅力的な副目的" を経営層肝入りで設定・展開します. そして BCM の PDCA サイクルで推進し，短期的に成果を見える化できれば，現場のモチベーション向上にプラスの影響を及ぼせると考えます.
　その BCM 活動を通じて "リスクマネジメント思考" を身につけ，日々触れる膨大な情報や考えを鵜呑みにせず，自分の感覚やものさし（基準）に基づいて判断し行動するという "自己のマネジメント力" の強化活動に本書が少しでも役立つことができれば幸いです.

　最後になりますが，本書制作にあたり日本規格協会の室谷誠さん（統括），本田亮子さん（編集）には，読者にとってわかりやすい表現を目指した編集活動を丁寧に進めていただき，厚く御礼申し上げます.

著者代表
株式会社エフ・マネジメント　深田　博史

参 考 文 献

＜規　格＞
1) JIS Q 22301:2020　セキュリティ及びレジリエンス—事業継続マネ
ジメントシステム—要求事項
2) ISO 22313:2020　セキュリティ及びレジリエンス—事業継続マネジ
メントシステム—ISO 22301 の使用に関する手引き
3) JIS Q 31000:2019　リスクマネジメント—指針
4) JIS Q 9001:2015　品質マネジメントシステム—要求事項
5) JIS Q 14001:2015　環境マネジメントシステム—要求事項及び利用
の手引
6) JIS Q 27001:2014　情報技術—セキュリティ技術—情報セキュリテ
ィマネジメントシステム—要求事項
7) JIS Q 45001:2018　労働安全衛生マネジメントシステム—要求事項
及び利用の手引

＜書　籍＞
1) 深田博史，寺田和正，寺田博(2016)：見るみる ISO 9001—イラスト
とワークブックで要点を理解，日本規格協会
2) 寺田和正，深田博史，寺田博(2016)：見るみる ISO 14001—イラス
トとワークブックで要点を理解，日本規格協会
3) 深田博史，寺田和正(2018)：見るみる JIS Q 15001・プライバシー
マーク—イラストとワークブックで個人情報保護マネジメントシステ
ムの要点を理解，日本規格協会
4) 深田博史，寺田和正(2020)：見るみる食品安全・HACCP・FSSC
22000—イラストとワークブックで要点を理解，日本規格協会

＜ウェブコンテンツ＞
1) 国際連合の SDGs のウェブサイト
https://www.un.org/sustainabledevelopment/
2) ISO のウェブサイト　https://www.iso.org/
3) 日本規格協会 (JSA) のウェブサイト　https://www.jsa.or.jp/
4) 経済産業省ウェブサイトの事業継続計画（BCP）に関する情報
https://www.meti.go.jp/policy/safety_security/
5) 内閣府ウェブサイトの防災に関する情報　http://www.bousai.go.jp/
6) The Business Continuity Institute(BCI)：Good Practice Guide-
lines 2018 Edition （PDF）

著 者 紹 介

深田　博史（ふかだ　ひろし）　執筆担当：第 1, 2, 3, 4, 8 章

- マネジメントコンサルティング，システムコンサルティングを担う等松トウシュ　ロス・コンサルティング（現アビームコンサルティング株式会社，デロイトトーマツ コンサルティング合同会社）に入社．株式会社エーペックス・インターナショナル入社後は，ISO マネジメントシステムに関するコンサルティング・研修業務等に携わる．
- 現在は，株式会社エフ・マネジメント代表取締役．
- 元環境管理規格審議委員会 環境監査小委員会（ISO/TC 207/SC 2）委員［ISO 19011 規格（品質及び／又は環境マネジメントシステム監査のための指針）初版の審議等］

［主な業務］
- マネジメントシステム　コンサルティング・研修業務
  ISO 9001（品質），ISO 14001（環境），ISO/IEC 27001（ISMS 情報セキュリティ），JIS Q 15001，プライバシーマーク，ISO 22000 等（食品安全 HACCP, FSSC 22000, JFS-A, B, C），ISO 45001（労働安全衛生），ISO 22301（事業継続マネジメント　BCMS, BCP），ISO/IEC 20000-1（IT サービスマネジメント）等
- 経営コンサルティング・研修業務
  経営品質向上プログラム（経営品質賞関連），事業ドメイン分析，目標管理，バランススコアカード，マーケティング，人事考課，CS/ES 向上，J-SOX 法に基づく内部統制
- ソフトウェア開発，ｅラーニング開発，書籍および通信教育の制作

［主な著書］
『見るみる ISO 9001—イラストとワークブックで要点を理解』，『見るみる ISO 14001—イラストとワークブックで要点を理解』，『見るみる ISO 14001—イラストとワークブックで要点を理解』，『見るみる JIS Q 15001・プライバシーマーク—イラストとワークブックで個人情報保護マネジメントシステムの要点を理解』，『見るみる食品安全・HACCP・FSSC 22000—イラストとワークブックで要点を理解』（以上，日本規格協会，共著）
『国際セキュリティマネジメント標準 ISO17799 がみるみるわかる本』，『ISO 14001 がみるみるわかる本』（以上，PHP 研究所，共著），『ISO の達人シリーズ［イソタツ］ISO 9000:2000』，『ISO の達人シリーズ 2［イソタツ］ISO 14000』，『ISO の達人シリーズ 1［イソタツ］ISO9000（1994 年版）』（以上，株式会社ビー・エヌ・エヌ，共著）

［株式会社エフ・マネジメント］　〒 460-0008　名古屋市中区栄 3-2-3
名古屋日興證券ビル 4 階　TEL：052-269-8256，FAX：052-269-8257

寺田　和正（てらだ　かずまさ）執筆担当：第5, 6, 7章
- ◦ 情報システム開発・業務コンサルティングを担うアルス株式会社に入社．株式会社イーエムエスジャパン入社後は，ISOマネジメントシステムに関するコンサルティング・研修業務等に携わる．
- ◦ 現在は，IMSコンサルティング株式会社代表取締役．

［主な業務］
- ◦ マネジメントシステム　コンサルティング・研修業務
  ISO 14001, ISO 9001, ISO/IEC 27001（ISMS）, JIS Q 15001, プライバシーマーク, ISO/IEC 20000-1（ITサービスマネジメント），ISO 50001（エネルギーマネジメント），ISO 55001（アセット），ISO 45001（労働安全衛生），ISO 22301（事業継続）等
- ◦ 経営コンサルティング・研修業務
  情報システム化適用業務分析コンサルティング，人事管理（目標管理，人事考課）コンサルティング等
- ◦ eラーニング・研修教材・書籍の制作

［主な著書］
『見るみるISO 9001—イラストとワークブックで要点を理解』
『見るみるISO 14001—イラストとワークブックで要点を理解』
『見るみるJIS Q 15001・プライバシーマーク—イラストとワークブックで個人情報保護マネジメントシステムの要点を理解』
『見るみる食品安全・HACCP・FSSC 22000—イラストとワークブックで要点を理解』
（以上，日本規格協会，共著）
『情報セキュリティの理解と実践コース』（PHP研究所，共著）
『Q&Aで良くわかるISO 14001規格の読み方』（日刊工業新聞社，共著）
『ISO 14001審査登録Q&A』（日刊工業新聞社，共著）

［IMSコンサルティング株式会社］
〒107-0061　東京都港区北青山6-3-7　青山パラシオタワー11階
TEL：03-5778-7902, FAX：03-5778-7676

■イラスト制作
　株式会社エフ・マネジメント　　深田博史（原案）
　IMSコンサルティング株式会社　寺田和正（原案）
　岩村伊都（制作）

見るみる BCP・事業継続マネジメント・ISO 22301
イラストとワークブックで事業継続計画の策定，運用，復旧，
改善の要点を理解

定価：本体 1,000 円（税別）

2021 年 1 月 29 日　第 1 版第 1 刷発行

著　　者　深田博史，寺田和正

発 行 者　揖斐　敏夫

発 行 所　一般財団法人 日本規格協会

〒 108-0073　東京都港区三田 3 丁目 13-12 三田 MT ビル
https://www.jsa.or.jp/
振替　00160-2-195146

製　　作　日本規格協会ソリューションズ株式会社
印 刷 所　株式会社ディグ
製作協力　有限会社カイ編集舎

© H. Fukada, K. Terada, 2021　　　　　　　　　Printed in Japan
ISBN978-4-542-30688-2

● 当会発行図書，海外規格のお求めは，下記をご利用ください．
JSA Webdesk（オンライン注文）：https://webdesk.jsa.or.jp/
通信販売：電話 （03）4231-8550　FAX （03）4231-8665
書店販売：電話 （03）4231-8553　FAX （03）4231-8667